公開

秘密

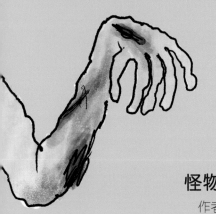

新雅·知識館

怪物可以在人類世界中生存嗎？

作者：海萊恩·貝卡（Helaine Becker）

繪圖：菲爾·麥安德魯（Phil McAndrew）

翻譯：羅睿琪

責任編輯：林沛暘

美術設計：陳雅琳

出版：新雅文化事業有限公司

香港英皇道499號北角工業大廈18樓

電話：（852）2138 7998

傳真：（852）2597 4003

網址：http://www.sunya.com.hk

電郵：marketing@sunya.com.hk

發行：香港聯合書刊物流有限公司

香港新界大埔汀麗路36號中華商務印刷大廈3字樓

電話：（852）2150 2100

傳真：（852）2407 3062

電郵：info@suplogistics.com.hk

印刷：中華商務彩色印刷有限公司

香港新界大埔汀麗路36號

版次：二〇一八年三月初版

ISBN: 978-962-08-6998-3
Originally published in English under the title:
Monster Science: Could Monsters Survive (and Thrive!) in the Real World?
Text © 2016 Helaine Becker
Illustrations © 2016 Phil McAndrew
Published by permission of Kids Can Press Ltd., Toronto, Ontario, Canada.

新雅・知識館

怪物
可以在
人類世界中生存嗎？

海萊恩・貝卡 / 著

菲爾・麥安德魯 / 繪

新雅文化事業有限公司
www.sunya.com.hk

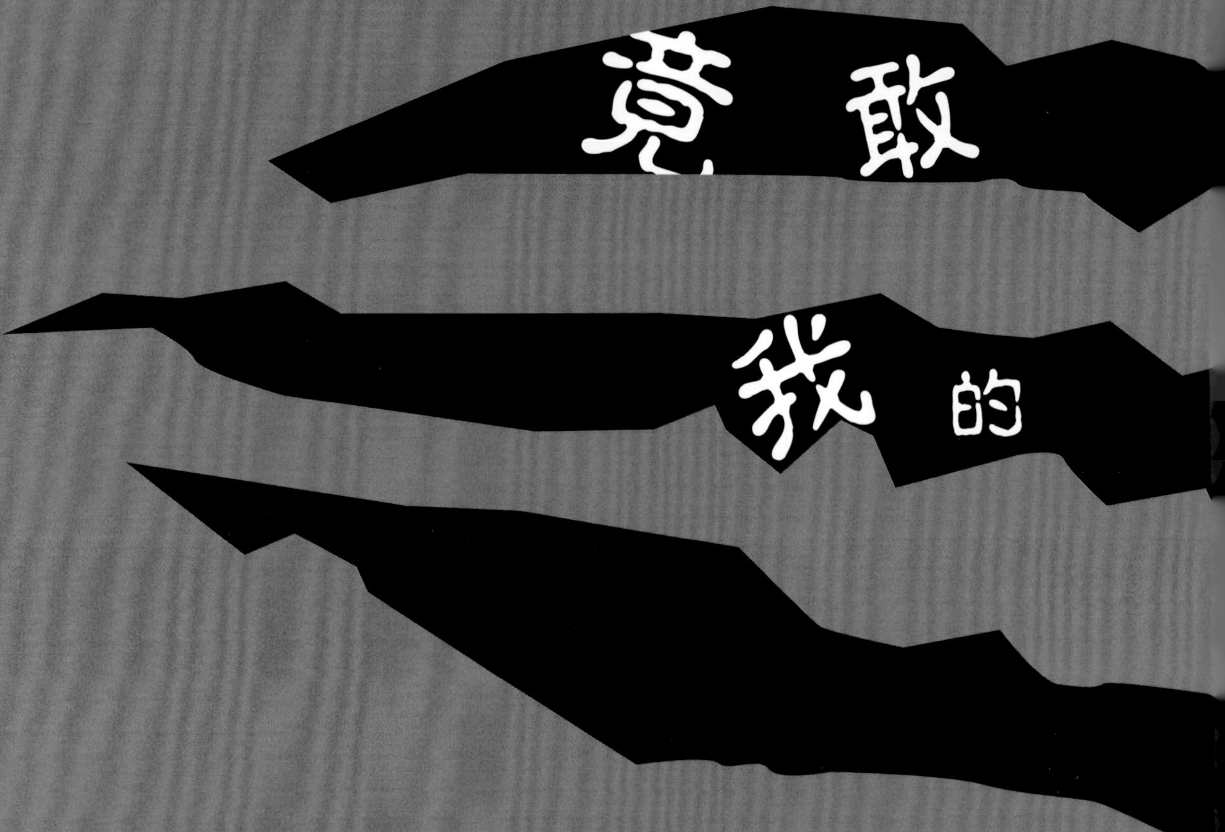
竟敢
我的

目錄

真的存在嗎?

　　別擔心,暫時沒有任何怪物躲在睡牀下(除非睡牀下的塵埃會令你感到害怕)。不過那些恍如噩夢的怪物,會不會無聲無息地在睡房以外的世界遊走?它們真的存在嗎?如果是真實的,它們究竟怎樣活下來?有哪些經過驗證的科學理論,能證明大腳怪可以踩扁其他東西,吸血鬼可以迷惑他人,屍體可以變成喪屍?

　　透過科學,你就能解釋狼人如何從人類變成野獸,還有脖子上裝有螺絲的科學怪人為何有電就變成活生生的怪物。你將探訪奇妙的海怪王國,還會遇見晚間出沒的深山怪物。你也會發現只要有合適的環境,專吃腦袋和喜歡吸血的怪物也能夠好好生存——甚至茁壯成長!

　　如果你以為這本書會說明找出怪物的方法,那麼你將要大失所望了。相反,這本書會提供相關資料,幫助你探索超自然怪物(擁有不可思議力量的生物)與神秘生物(充滿謎團卻是天然的野獸)。你可以自行判斷什麼是真實,什麼是虛構,然後再決定要不要當個怪物獵人。

　　那麼,請準備好接受驚嚇,齊來害怕、顫抖吧!你即將要和世界上最可怕的怪物正面交鋒了!

科學怪人 frankenstein

一個瘋狂科學家創造的人型怪物，以巨大的綠色腳掌聞名，在歐洲中部的城堡、荷里活電影，還有你的噩夢中肆虐。

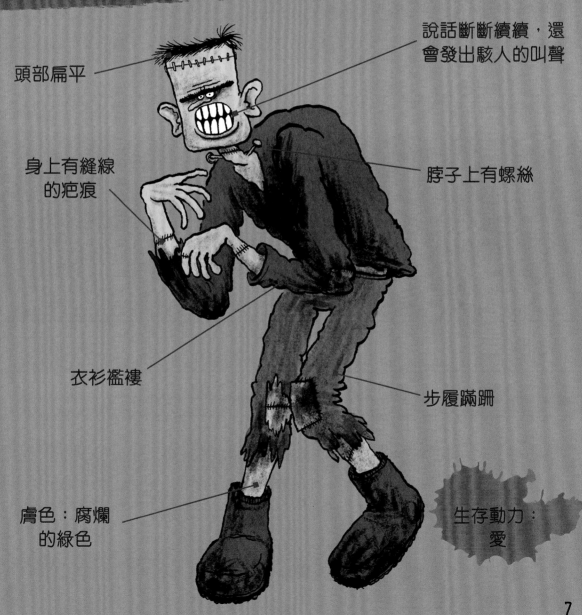

頭部扁平

說話斷斷續續，還會發出駭人的叫聲

身上有縫線的疤痕

脖子上有螺絲

衣衫襤褸

步履蹣跚

膚色：腐爛的綠色

生存動力：愛

科學怪人的故事

當天氣惡劣而你和朋友被困室內，無所事事，你們會做什麼來舒緩沉悶的氣氛？會玩遊戲？還是說鬼故事解悶？

不論你是到朋友家過夜、去露營或是到一座令人不寒而慄的古堡裏探險，說說恐怖故事都是消磨時間的老方法。因此英國詩人拜倫勳爵（Lord Byron）和他的朋友被困在瑞士一間陰森的房子時，他便提議每個人寫一個鬼故事，然後大聲朗讀出來。英國著名小說家瑪麗·雪萊（Mary Shelley）也樂在其中，而她創作的可怕故事就是小說《科學怪人》的初稿。

《科學怪人》（*Frankenstein; or, The Modern Prometheus*）於1818年出版。時至今日，它已成為全球許多學校的必讀書目，也為許多廣受歡迎的電影、電視劇、書籍和漫畫提供創作靈感。

這個故事講述一個名叫維多·弗蘭肯斯坦（Victor Frankenstein）的科學家沉迷創造生命，於是利用死屍的身體拼出一個科學怪人，還以電擊令他獲得生命。不過當看見科學怪人蘇醒過來，並能夠呼吸和做出各種可怕的行動時，維多博士嚇得遺棄了它。這個人造的怪物沒人喜愛，非常寂寞。它有時會像人類一般，有時卻與怪物無異。

怪物秘典

在瑪麗·雪萊創作出《科學怪人》的那個晚上，另一個英國作家約翰·波里道利（John Polidori）也創作出著名的短篇故事《吸血鬼》。（詳見第28頁）

怪物秘典

《科學怪人》英文書名中的Prometheus來自古希臘神話中，創造宇宙的普羅米修斯。他以陶土塑造出人類，後來從其他神明手中偷取火來送給人類，因而遭受懲罰。

寂寞的怪物

　　在小說世界裏，有許多「廣受歡迎」的壞蛋都深受寂寞煎熬，來看看以下一些臭名遠播的壞蛋：

- 奇幻小說《哈利波特》系列中的邪惡魔王佛地魔是個孤兒，年幼時已缺乏父母愛護。他孤零零地長大成人，非常孤單。

- 蝙蝠俠其中一個敵人企鵝遭到父母排斥，又因奇怪的外表和對鳥類的迷戀而被人欺凌，最終走上歪路。

- 《聖誕怪傑》中的主角離羣獨居，受世人孤立，身邊就只有他的小狗。寂寞令他充滿怨憤，更使他的心比其他人小了「兩個尺碼」。

　　寂寞真的能令人變成怪物嗎？科學研究認為這的確有可能。每個人偶爾都會感到寂寞，但長時間感到寂寞卻會令腦部產生變化。這些變化會令人變得內向，難以享受能令一般人感到快樂的事物。極端孤僻的人更會幸災樂禍，驅使他們想要製造麻煩。

啟蒙時代

　　瑪麗·雪萊創作《科學怪人》的靈感從何而來？18世紀被視為啟蒙時代的一部分，那是因為當時的科學家發現了許多科學理論。電是什麼？它是如何運作？正是當時科學界的一個熱門話題。

　　瑪麗·雪萊受過良好教育，對這些科學概念的興趣尤其濃厚。她也認識許多著名科學家，包括廣為人知的電力研究員兼化學家漢弗里·戴維（Sir Humphry Davy）。

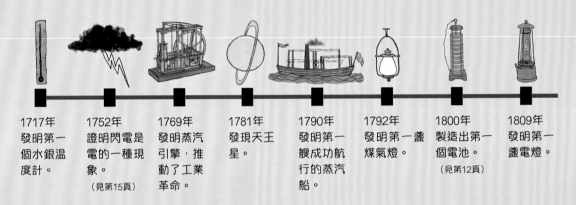

1717年
發明第一個水銀溫度計。

1752年
證明閃電是電的一種現象。

（見第15頁）

1769年
發明蒸汽引擎，推動了工業革命。

1781年
發現天王星。

1790年
發明第一艘成功航行的蒸汽船。

1792年
發明第一盞煤氣燈。

1800年
製造出第一個電池。

（見第12頁）

1809年
發明第一盞電燈。

復活的青蛙

　　1780年，意大利科學家路易吉·伽伐尼（Luigi Galvani）發表了一項重要發現。當他的助手以金屬製的解剖刀觸碰青蛙屍體外露的神經時，青蛙腿竟然彈跳起來！

　　伽伐尼猜想那是有電通過青蛙的神經，如果這個推測正確，電會不會是生命的起源？有科學家做了一連串實驗，嘗試找出答案。科學家甚至為溺斃的人施以電擊，試圖令他們死而復生。

　　這些實驗不僅讓科學家深感興趣，更成為了普羅大眾「寓教育於娛樂」的材料。當時歐洲各地都有許多流動科學示範，展示電的效能，其中一名負責示範的就是意大利物理學家喬凡尼·阿爾迪尼（Giovanni Aldini，伽伐尼的外甥）。1803年，他在英國倫敦惡名昭彰的新門監獄中電擊一名處決了的殺人犯。那個殺人犯隨即坐起來了！許多旁觀者都深信死者已經復活，但事實並非如此。電擊只是令屍體的肌肉收縮，就像伽伐尼的青蛙一般。電是否生命之源，仍是個不解之謎。

怪物秘典

實驗結束後，記載監獄事跡的《新門監獄記事》如此寫道：「囚犯遺體的牙關打顫，肌肉可怕地扭曲着，其中一隻眼睛也睜開了。」

電到底是什麼？

　　宇宙中的一切事物都是由稱為原子的細小粒子組成。原子是由更細小的粒子組成，那就是質子、電子和中子。

　　質子和電子本身帶有電荷：質子帶有正電荷，而電子帶有負電荷；中子則不帶電荷。帶有相同電荷的粒子會互相排斥（即是把彼此推開）。帶有相反電荷的粒子會互相吸引（即是把彼此拉在一起）。

　　質子和中子組成原子的核心，又稱原子核，而電子會圍繞着原子核旋轉。電子會與其他原子的粒子產生相互作用。它們排斥帶有負電荷的粒子，吸引帶有正電荷的粒子。有時電子會脫離原有的原子，走到另一顆原子那裏去，這個過程就產生了電。

　　當一大堆原子待在一起，而電子以相同方向由一顆原子移動至另一顆原子時，就會形成電流。就像水流比一顆水滴更有力量，電流也比一顆電子載有更多能量。電流可以推動粒子，令它們產生不同功用，例如令燈泡亮起來，或是令引擎轉動。

　　有些物質的構成原子會較其他物質更容易失去電子，那就有更多電子在原子之間移動，使這些物質更容易傳遞電力。銅是其中一種導電能力較佳的物質，因此電線大多是用銅製成的。

大對決：伽伐尼與伏特

伽伐尼相信令青蛙腿彈跳起來的電來自青蛙本身，另一名意大利科學家亞歷山德羅·伏特（Alessandro Volta）則有不同的想法，他認為電是來自解剖刀上兩種不同金屬產生的化學作用。一場科學界的長期爭論由此展開！科學家分成兩大陣營，不過這場「科學大對決」究竟誰是誰非呢？

1800年，伏特發明了一個名為伏特電堆的儀器，它是由鋅片和銅片相間疊成，金屬片之間用鹽水浸濕的硬紙板來分隔。金屬片的化學作用會產生電，就像伽伐尼的解剖刀一樣。

伏特電堆是人們前所未見的第一個電池，它同時證明了伏特的想法正確。這個電池證實伽伐尼觀察到的電力現象，並不是來自青蛙本身。

伏特電堆是如何運作的？

每種元素都有特定的電子數量，令各自擁有不同的特性。有的元素容易失去電子，例如銅；有的元素就會接收電子，例如鋅。

鹽水裏有一種帶有電荷的特殊粒子，稱為離子。離子的電子和質子數量並不相同，它會與其他離子隨意交換電子，又能令鄰近物質的電子自由移動。

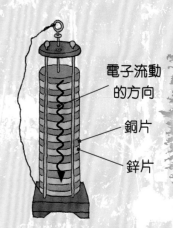

電子流動的方向

銅片

鋅片

伏特電堆是由鋅片和銅片相間疊成，金屬片之間放置的硬紙板（改用毛氈也可）會用鹽水浸濕，作為分隔層。在電堆一端的鋅片想要取得電子，而在另一端的銅片想釋出電子。分隔層就充當橋樑，把電子從銅片帶到鋅片去。這些移動的電子就是電流了！

瘋狂科學家

在啟蒙時代，科學有新發現的速度可說快如閃電。人們擔心科學發展得太快，也擔心發展得過火。關於科學道德（行為對錯的準則）的討論時有發生，而且非常激烈。

瑪麗·雪萊的小說正好觸及了科學道德的問題。她的故事讓讀者反思，誰才是真正的怪物：是維多博士創造的科學怪人，還是維多博士本身？維多博士把嶄新科學時代的危機反映得淋漓盡致，成為了許多書籍、電影與漫畫裏的瘋狂科學家角色原型。

你喜歡瘋狂科學家嗎？荷里活電影對他們非常狂熱！我們來比較一下1930至1990年間上映的1,000套恐怖電影，是如何描繪科學和科學家吧。

30%的電影

把科學家和他們創造的東西塑造為歹角。

39%的電影

講述科學研究引發危機。

11%的電影

把科學家描繪成英雄。

真假瘋狂科學家

瘋狂科學家的傳說或許能用科學原理解釋，以歷代最具名氣和影響力的科學家艾薩克·牛頓（Issac Newton）為例，他也曾經短暫神智失常。

牛頓去世多年後，人們化驗他的頭髮樣本，發現水銀含量很高。原來牛頓使用過有毒化學物質水銀來做實驗，他可能是水銀中毒！水銀中毒的徵狀包括易怒、暴躁、焦慮、偏執、不安，還會做出暴力和非理性的行為。

電擊的今與昔

當瑪麗・雪萊創作《科學怪人》時，沒有人知道她的故事能否化為現實。時至今日，我們對人體如何運作已有深入認識，能夠解答一些令人迷惑的難題。

電可否令人死而復生？

根據小說內容，科學怪人是接受強烈電擊後獲得生命。不過，電是否真的能給予死者新生命？

那視乎死者死去多久，還有他致死的原因。紅血球會把氧氣輸送到身體各部分，如果沒有珍貴的氧氣，我們的腦部和身體便無法運作。腦細胞只要缺乏氧氣，在短短4分鐘內就會陸續死亡。

試想像有人心臟病發——心臟的肌肉停止運作，不能把含有氧氣的血液泵至全身。除非心臟儘快跳動，否則他便會死亡。

在1959年前，人們若不剖開身體，就無法令停頓的心臟再次跳動，如今從體外施以電擊也有同樣效果。電可以令心臟肌肉收縮，就像伽伐尼的青蛙腿一般，讓血液重新流動，運送氧氣。

因此，只要身體組織或腦細胞沒有受損，或受損程度輕微，死者——沒有生命跡象的人——的確有可能復活。

不過電擊心臟並非萬試萬靈的方法，心臟停頓時間長短會左右電擊的效果，心臟停頓時的體溫高低也有影響。令一顆停頓了數分鐘的心臟再次跳動，與挖出一具屍體讓它復活可謂差天共地！

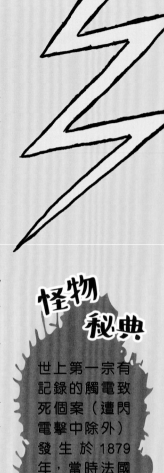

怪物秘典

世上第一宗有記錄的觸電致死個案（遭閃電擊中除外）發生於1879年，當時法國里昂有舞台搭建工人碰到電線而死。

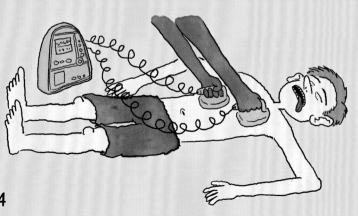

「自動外置式心臟去纖顫器」是標準的急救工具，在救護車、公共建築物、機場和火車上都能找到它。在緊急醫療狀況下，我們可利用去纖顫器施以電擊，令傷者的心臟重新運作。

身體裏的電

　　相傳美國政治家富蘭克林（Benjamin Franklin）是在風暴中放風箏時，發現了電力。他確實極為幸運，因為他隨時會觸電，引致休克，甚至死亡。電會干擾神經細胞的電流活動，嚴重的觸電意外可以致命。如果觸電的程度嚴重，這些神經細胞可能無法再傳遞信息，使人體不可或缺的功能（例如呼吸）完全停止。

　　還記得伽伐尼認為青蛙體內的組織能產生電嗎？還有伏特如何用伏特電堆推翻伽伐尼的主張？

　　故事至此還未結束，原來這兩位科學家的説法都正確！

　　伏特説對了，伽伐尼那把解剖刀產生的電流並非來自青蛙體內。到了20世紀科技發達，終於證明伽伐尼也説得對，生物細胞的確能夠產生電力。神經細胞就像迷你的伏特電堆，能夠將化學能轉化為電能。

神經細胞接力賽

　　神經系統是身體裏主要的通訊系統，利用化學能和電能向身體各部分傳遞信息。它是由數十億神經細胞組成，這些細胞稱為神經元。每個神經元都有一個由樹突組成的「控制中心」，負責接收來自其他細胞的信號。而神經元裏還有軸突，專門向其他細胞傳送電子信號。你的腦部就是由大約860億個神經元組成的。

　　神經元透過一種電化學接力賽來通訊，這場接力賽是這樣進行的：

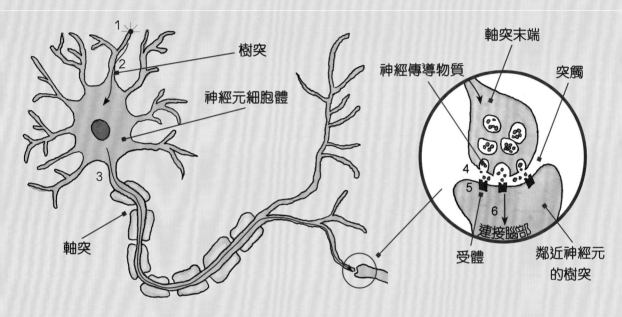

樹突
神經元細胞體
軸突

軸突末端
神經傳導物質
突觸
連接腦部
受體
鄰近神經元的樹突

1. 假設有一隻蒼蠅落在你的手臂上，發癢的感覺會令感覺神經元產生反應，那恍如樹枝的樹突會接收到相關的電子信號。

2. 電子信號就像波浪一般傳送到神經元細胞體。

3. 電子信號的波浪沿着軸突繼續前進。

4. 當信號到達軸突末端時，便會釋放出一種稱為神經傳導物質的化學信息。它會穿越突觸，即兩個神經元之間的空隙。

5. 鄰近神經元的樹突上那受體接收到神經傳遞物質後，便會再次發出另一波電子信息。

6. 這個過程就像有無數運動員在接力，會不斷重複，直至信息抵達目的地——腦部。最後，腦部會知道：「噢，我的手臂上有隻蒼蠅！」

電與肌肉

除了神經細胞外，我們的肌肉也依靠電來運作。電子信息的波浪會令肌肉纖維改變形狀和出現化學變化，使肌肉收縮起來。當肌肉收縮變短時，便會拉扯骨頭，令它移動，讓我們能夠屈曲手臂或踢球。

心臟肌肉擁有專用的發電器，稱為竇房結。竇房結會產生有規律的電子信號，令心臟肌肉大約每分鐘收縮60至100次。這種有節奏的收縮就是脈搏，也就是我們的心跳。

有些人的竇房結不能恰當地發送電子信號，於是在左肩附近植入一個稱為心臟起搏器的電子儀器。當心跳不穩定時，起搏器便會發出微弱的電子脈衝，幫助恢復正常的心跳節奏，防止心臟病發。

感覺與運動的神經元

人體內的神經元主要有三種，第一種是感覺神經元。它會把來自皮膚、肌肉與腺體的信息，傳送到腦部和脊髓。它負責運載資訊，發出的信息都跟身體和周遭的環境有關，例如你會發現：「我左手手臂有點癢呢。」

第二種是中間神經元，可在腦部和脊髓中找到，能把感覺神經元和運動神經元連接起來。它負責決策，分析從感覺神經元取得的資訊，例如你會判斷：「原來令我手臂發癢的是一隻蒼蠅。」然後決定最佳的行動方案，並向運動神經元發出指令，例如你會指示肌肉：「立即收縮，用右手把蒼蠅撥開。」

最後一種是運動神經元，會把信息從腦部和脊髓傳送到皮膚、肌肉和腺體去。它負責行動，傳送的信息都是指令，例如你會發號施令：「收縮這條肌肉。」

怪物秘典

伽伐尼認為電是令生物存活的原動力，不過到底什麼是生命呢？這個問題聽起來簡單，實際上卻絕不簡單。科學家至今對生命的定義仍未有一致的看法！

用肢體部件製作人類？

在《科學怪人》的故事中，維多博士把不同的肢體部件縫在一起，製成全新的「人類」。現實生活中能否如法炮製？當然不行！不過現今的醫生和科學家確實能夠利用人們捐贈的器官，救助其他病人。他們甚至運用基因工程的技術製作一串嶄新的基因，創造出擁有特殊特徵的生物！

器官移植

從活人或死去不久的人身上取得的器官，可以縫在病人體內或體外，取代受損或失去功能的器官。這能讓接受移植的人身體運作得更好，活得更長久。此外，人們還可以移植其他身體部分，例如一雙手，過往就曾有面部嚴重受損的人移植了整張臉。不過你可不能隨意挖開墳墓，從古老的屍體上取出肢體部件或器官來移植。因為移植過程非常複雜，需要專業的醫護人員進行，也需要事先獲得捐贈者同意。

如何移植器官？

1. 器官捐贈者可以是活人或死者，得到本人或家屬同意後，醫護人員便可從他們身上摘取需要的器官。人類一般有兩個肺和兩個腎臟，所以活體捐贈者可以捐贈其中一個肺或腎臟。他們也可捐出部分肝臟，因為肝臟能夠再生。有些人會簽署器官捐贈卡，表示願意在死後捐贈器官。死者可捐出許多不同的器官，一個捐贈者可以幫助多達50個病人！

2. 移植前，捐贈的器官會用人工呼吸器或冷藏設備保存。在妥善保存下，器官可保鮮約5至30小時，視乎器官種類而定。

3. 當有人捐贈器官，就會與有需要的病人名單逐一配對。如捐贈者與接受移植者條件相符——擁有相同體形和血型，便算配對成功。醫護人員會觀察病人的健康狀況，確保他體能足以應付移植手術，並考慮他輪候移植的時間有多久。

4. 移植器官後，病人終身都需要接受醫療監察。因為移植的器官並不是與生俱來的，病人的免疫系統會排斥該器官，病人必須服用抗排斥藥。另外，病人接受移植手術後較易受到感染，有可能出現其他健康問題。

非常盜墓事件

在瑪麗·雪萊身處的時代，器官移植尚未可行，卻不時有人從墓地裏偷取屍體。雖然聽起來令人噁心至極，不過直至今天，醫生仍然會透過解剖屍體研究人體結構。在推行器官移植計劃前，大部分醫學院解剖用的屍體都來自監獄，一般是死囚的屍體。不過這些屍體供不應求，於是有些解剖學老師聘請別人挖開墳墓，偷取屍體使用——這些人稱為盜屍者。

迄今最臭名遠播的盜屍者相信是威廉·伯克（William Burke）和威廉·黑爾（William Hare），他們在蘇格蘭的愛丁堡居住和從事盜屍的勾當。為了賺取金錢，他們有時會以另類方式來獲取屍體，增加收入——就是去殺人！

他們殺人後，會將屍體轉售。最後一個受害人是在1828年萬聖節前夕的晚上遇害，不過當時伯克沒有足夠時間搬運屍體，掩人耳目。萬聖節那天，有房客在一個空房間裏發現了受害人的屍體。其後黑爾作供指證伯克，最終伯克謀殺罪成，於1829年被吊死，並由解剖學家公開解剖他的屍體。

伯克藏有一本筆記簿，專門記錄他的殺人行動。以下是部分記錄：

1827年聖誕節：在手術廣場售出退休老頭唐納德的屍體，售價7鎊10先令，分給威廉·黑爾4鎊5先令，我自己拿3鎊5先令。

4月2日：以9鎊售出來自吉爾默頓的女人屍體，分給威廉·黑爾4鎊，再給搬運工人5先令……我自己拿4鎊10先令。

有些家屬會在新建的墓地上裝上鐵籠，防止別人盜取遺體。有些人則在墓地看守數星期，甚至設下陷阱，把盜屍者一網成擒。

搭搭配配：基因工程

試想像你種了一棵豆，每年都會生產出大量美味的豆子。人們很喜歡吃這些豆子，不過昆蟲也喜歡吃！與此同時，你種了一棵對昆蟲來說毫不吸引的植物。如果能夠把這棵植物的抗蟲能力放進豆子裏，不是好極了嗎？那麼你就能得到大量美味的豆子，又不用與害蟲分享收成了。

在19世紀中葉，格雷戈爾·孟德爾（Gregor Mendel）在他著名的豌豆實驗中證實這種做法確實可行（詳見第77頁）。不過，人類其實早在數千年前已開始做這些事情。他們把不同的植物或動物互相配種，培育出理想的品種，例如更美味的果實，更粗壯的枝幹，或經過馴養的動物。這與維多博士把人體各部分縫合起來創造怪物的做法相似，但配種需要花很長的時間，還需要下許多苦功！

基因工程是一種利用基因創造某些東西的科學技術，能加快培育理想品種的過程。在實驗室裏，科學家用化學物質從生物（例如那棵豆）身上「剪出」基因，然後給它加入新的基因（例如另一棵植物的抗蟲基因）。由此產生的新植物稱為基因改造生物（簡稱GMO），它的細胞內會同時擁有兩棵植物的特徵。

基因工程非常有用：基因改造細菌能夠產生胰島素供糖尿病人使用，基因改造粟米可以對抗愛吃植物的害蟲。不過，基因工程也有風險：有人擔心基因改造農作物「逃」到野外，污染其他物種；又有人擔心基因改造食物會影響我們的健康。

螢光貓咪

韓國科學家把螢光珊瑚的基因注入貓的卵子細胞中，培育出能在黑暗中發光的螢光貓咪。這些貓咪在紫外光照射下，會發出紅光。

奇異蜘蛛羊

經基因改造的山羊能產生含有蜘蛛絲成分的奶。人們給山羊擠奶後，可從羊奶中篩出蜘蛛絲。這些絲是極度強韌的纖維，可用來製造防彈背心或人工肌腱。

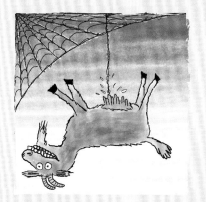

機械人 = 現代科學怪人？

機械人英文robot原意是「人造人」，換言之科學怪人可說是世上第一個機械人。不過機械人能否像科學怪人那樣思考和擁有感覺？它們有生命嗎？試就以下破格的發明來想想吧！

納米機械人是一種微型機械人，其中有的是把電腦零件附在細菌上製成的，讓它們成為生物與機械的混合體。

機械人工程師還創造了一些機械腦袋，這些「腦袋」能夠思考，也有感覺，甚至會展現出好奇心。它們可從錯誤中學習，具有創意，更懂得自行複製。

基於這些特性，許多科學家都認為部分機械人擁有生命，其他科學家則相信機械人很快會達到有生命的階段。

電影中的基因改造

雖然基因工程極受爭議，卻是深受大眾歡迎的電影主題。例如電影《蜘蛛俠》和《鐵甲奇俠》中，基因改造讓超級英雄擁有強大力量。而《侏羅紀公園》和《變形俠醫》中基因改造實驗則令危險的生物失控，造成重大破壞。

巧合的是《變形俠醫》創作者史丹·李（Stan Lee）曾表示，這個角色的創作靈感來自兩部19世紀的小說：《變身怪醫》和《科學怪人》！

怪物秘典

為了保障現在與未來機械人的權益，竟然有人撰寫了一部機械人道德憲章呢！

自製怪物

閱讀這一章後，你大概已經比維多博士更了解創造生命的奧秘了！現在預備好自製一隻獨一無二的怪物了嗎？請看看以下每一個身體部分，判斷旁邊的句子是否正確，然後核對答案。答對了可得1分，算一算你的怪物指數，看看自己屬於哪一級別的瘋狂科學家吧！

 ❶ 科學家對如何定義生命的看法一致。

❷ 瑪麗·雪萊跟一個醫生結婚。

 ❸ 孤獨能令人厭惡社交。

❹ 英文單詞robot的意思是「人造人」。

❺ 向同一方向移動的電子稱為突觸。

❻ 閃電是由電造成的。

❼ 伽伐尼發現青蛙屍體的腿跳動。

❽ 科學家把珊瑚和貓的基因結合，創造出能在黑暗中發光的貓。

 ❾ 神經細胞會用電與化學信號來傳遞和接收信息。

❿ 盜取屍體曾經是一種職業。

怪物指數

0至2分 伽伐尼——你是個搖滾巨星級科學家。你能用電讓青蛙屍體起舞，不過還未能把牠復活。不如冷靜一下再來挑戰吧！

3至6分 牛頓——你是個非常瘋狂的科學家。你能用飛蛾的翅膀和唾液，再加上一個從天而降的蘋果（砰！）來創造怪物。

7至10分 再世維多博士——你是終極的瘋狂科學家！你不用創造怪物……因為你本身就是一個怪物！哇哈哈！

答案：正確（3、4、6、7、8、9、10）；錯誤（1、2、5）

吸血鬼 Vampire

相傳是靠吸血維生，無法抵受太陽照射的怪物。有的吸血鬼曾經是普通的人類，因被另一隻吸血鬼咬到而失去生命，獲得不死之身。如果你見到吸血鬼，就要趕快逃跑了！

M 字額

能催眠他人的眼睛

充滿死亡氣息的蒼白臉色

尖尖的牙

敏銳的時裝觸覺

身穿披風
（視乎吸血鬼的喜好）

喜歡算術

棺材，用來午睡

邪靈引起的疾病

假設你在校際壘球比賽中順利擊球，然後跑遍各個壘，贏得致勝的一分！不過哎呀！當你滑進本壘時，擦傷了手掌。救護員為你止血，並清理傷口，使傷口不會受感染。

你真的要感歎自己非常幸運——當然不單是因為勝出了壘球比賽啦！如果這件事是在古時發生，手掌上的傷口可能令你陷入一場災難。在人類歷史上大部分時間裏，人們都不知道是什麼東西引起疾病，而細菌是在19世紀末才被人發現的。當人們生病了，例如因擦傷的傷口受感染而發燒時，往往會以為這是他們犯了罪或受邪靈侵襲所致。

為了治好病人，治療者會嘗試用不同方式驅除邪靈。其中一個方法是放血：刮開或割開皮膚，讓血液——還有邪靈——從體內流出來。他們還會把一種以吸血維生的昆蟲（水蛭）放在病人的皮膚上，用來吸走血液中的邪靈。

古埃及人早在約3,000年前便開始採用放血的方法，是全球最常用的醫療技術之一。不過病人的情況通常會變得更差，而非好轉。直至18世紀，許多歐洲人都會定期放血，預防疾病。即使沒有生病，也會偶爾放放血！全球有不少地方到今天仍會施行這種方法，包括亞洲和中東地區。

由於放血被視為「排出」邪靈，人們便相信吸血會有相反的效果。於是嗜血的生物自然而然令人懼怕厭惡，並在許多恐怖故事中粉墨登場！

很久以前，一般會由理髮師擔當放血的工作。據說那些舊式理髮店外紅白相間的裝飾柱，分別代表紅色的血液和用來止血的白布。

深入吸血鬼的王國

首項關於吸血鬼的文字記載源自11世紀一些古俄語文獻，當中記載了一個邪惡的王子，並稱他為「惡毒的吸血鬼」（Upir Lichy）。到了17世紀，upir 逐漸演化成vampyr或vampir，接近吸血鬼的英語vampire。

吸血鬼的說法傳至保加利亞和羅馬尼亞，並在那裏廣泛流傳。當地的古斯拉夫傳說中曾敍述一種需要新鮮血液，才能從亡靈世界返回人間的惡鬼。不過從17世紀起，人們開始認為不僅惡鬼需要鮮血，屍體也可能從墳墓裏冒出來吸血！

東歐

羅馬尼亞

保加利亞

吸血鬼傳說傳播至意大利後，人們在威尼斯發現了一個「吸血鬼」，還在下葬前用磚塊塞住了「吸血鬼」的嘴巴，免得她從墳墓裏爬出來咬人！

吸血鬼爭議

啟蒙時代（詳見第10頁）學術發展蓬勃，不時有重大發現。不過在歐洲中部，這同時是個黑暗與令人懼怕的時期。疫症一再出現，令數以千計歐洲人身亡，倖存的人都變得虛弱、迷信又膽戰心驚。沒想到這時有關目擊吸血鬼的傳言四起，還有人說死去的親戚從墳墓中爬出來。這些令人毛骨悚然的故事被稱為「18世紀的吸血鬼爭議」。

各地政府均認真看待這些「故事」：他們挖開懷疑有吸血鬼出沒的新墳，檢查墓裏的屍體，確認有沒有在晚間作惡的痕跡。調查員相信如屍體擁有玫瑰色的膚色、充血的嘴巴、長出新的指甲或以奇怪的姿態躺着，便是吸血鬼——不過這些全是屍體腐化的正常現象。調查員會公開燒毀這些屍體，更會用尖木椿刺穿他們的心臟，對這些已經死去的遺體執行「死刑」！

怪物秘典

伊莉莎白‧巴托里（Elizabeth Bathory）是一位來自外西凡尼亞公國（即現在羅馬尼亞中部地區）的貴婦，她簡直是個名副其實的吸血鬼！為了保持年輕，她會飲用血液，又曾經虐殺超過一百人。她最終遭受審判，被判謀殺罪。

科學革命

在長達 150 年的科學革命，除了出現「18 世紀的吸血鬼爭議」外，還帶來不少史無前例的醫學發展。科學家首次了解人體內臟，包括心臟和肺部如何運作。他們也開始辨識疾病，找出人類患病的原因。他們不斷做實驗，嘗試找出真正有效的治療方法。這些實驗發現了許多古老的信念——例如邪靈會引致疾病——是錯誤的，而許多治療方法——例如放血——帶來的害處比好處多，為現代醫學奠定了基礎。

哈維的心臟

威廉·哈維（William Harvey）是一個英國醫生，在科學革命時期詳細研究過人體結構。他利用精確的儀器測量，又做了無數次實驗，期望找出心臟、動脈與靜脈的功能，還有它們如何合作，把血液輸送到身體各部分（即人體循環系統）。哈維證實心臟是循環系統的核心器官，而不是以往人們認為的肝臟。這個發現在當時引起不少爭議，不過現在我們都知道他提出的想法正確無誤！

怪物秘典

血液每分鐘可循環人體 3 次！

大動脈
（前往身體各部分）

肺動脈
（前往肺部）

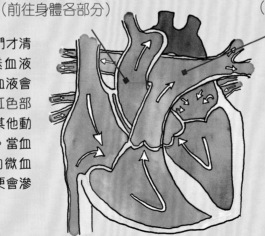

全賴哈維的研究，我們才清楚知道心臟如何運送血液至全身。富含氧氣的血液會從心臟的左側（圖中紅色部分），經過大動脈和其他動脈，泵進身體各部分。當血液抵達人體最細小的微血管時，血液中的氧氣便會滲透到各個細胞裏。

然後血液會透過靜脈返回心臟，途中帶走體內產生的廢物二氧化碳。心臟的右側（圖中藍色部分）會從肺動脈，把血液泵進肺部。當你呼氣時，肺部便釋放出二氧化碳；當你吸氣時，肺部便重新為血液補充氧氣。

血液的故事

　　現在我們對血液的了解，還有它如何運作，都比哈維那個時代深入多了。血液由四個主要部分組成，每部分都對維持人體健康擔當重要角色。

- 紅血球讓血液擁有深紅的顏色，負責把氧氣帶給身體裏所有細胞。
- 白血球負責保護身體，對抗感染。它們會包圍病毒或其他入侵的細菌，然後消化掉。
- 血小板可以聚在一起，凝結成塊，還能幫助產生纖維蛋白。凝結起來的血小板與網狀的纖維蛋白有助止血：在體內，它們稱為血凝塊；在皮膚上，它們就叫結痂。
- 血漿是一種黃色液體，主要的成分是水。它會帶着不同的血細胞，還有營養素、荷爾蒙和蛋白質，送到身體各部分。

　　大部分血細胞都由骨髓製造，其餘則由淋巴結、脾臟和胸腺製造。骨髓是長骨的內部，柔軟而且充滿脂肪。最厲害的是，人體每秒可生產 200 萬個新的紅血球細胞！

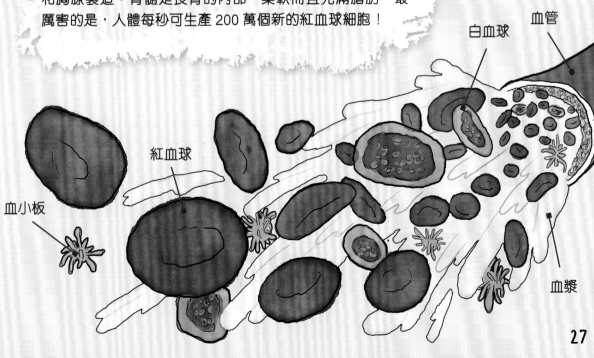

白血球

血管

紅血球

血小板

血漿

27

德古拉冒起

由於歐洲出現科學革命，調查吸血鬼的人能夠依據人體與疾病的新發現，擊破吸血鬼的爭議。他們證明懷疑有吸血鬼出沒的墳墓裏各種奇怪現象（例如玫瑰色的膚色和充血的嘴巴），其實是屍體腐化的正常過程，破解迷信的觀念。

不過，沒有人能夠讓引人入勝的吸血鬼故事沉寂下來。1816年，作家約翰‧波里道利聯同作家瑪麗‧雪萊和詩人拜倫等幾位朋友，一起創作恐怖故事（詳見第8頁）。波里道利後來在1819年，出版了他的短篇小說《吸血鬼》。

這本小說出現前，人們總是把吸血鬼想像成兇猛的野獸，不過波里道利的故事改變了人們的想法。他筆下的吸血鬼既優雅又英俊，一股吸血鬼熱潮隨即席捲倫敦與巴黎，使相關的故事和戲劇在歐洲娛樂界源源不絕。

愛爾蘭作家伯蘭‧史杜克（Bram Stoker）受波里道利的故事啟發，於1897年發表小說《德古拉》，讓歐洲這股追求嗜血怪物的潮流更加火熱。書中描繪的吸血鬼已成為經典形象：外西凡尼亞公國的德古拉伯爵要避開陽光，能夠變身成動物，在鏡子裏照不出倒影，還會在棺材裏睡覺。

這些情節曲折離奇的吸血鬼故事成為了荷里活電影、電視劇，甚至萬聖節服裝的主要元素之一。

陰沉、英俊又神秘的詩人拜倫，與波里道利筆下的吸血鬼非常相似！

怪物秘典

「德古拉」在羅馬尼亞語中的意思是「龍」。

愛爾蘭作家伯蘭‧史杜克創作的德古拉伯爵是住在圖中這座布蘭城堡，它是羅馬尼亞最受歡迎的旅遊景點，每年有超過50萬個遊客到訪。

如何對付吸血鬼？

類似德古拉伯爵的吸血鬼從凡人變成不死之身時，有機會獲得超能力。一旦遇上他，一般人難以應付。因此，現代吸血鬼專家提供了一些方法，助你擊退敵人：

- 殺死吸血鬼的最佳方法，就是用尖木樁刺穿他的心臟。就算是吸血鬼，心臟受損也無法存活。
- 把吸血鬼拉到陽光下，皮膚會燒得滋滋作響，令他曬死。
- 聖水或十字架同樣可以對吸血鬼的皮膚造成損害，不過需要大量聖水才能令他受重傷。如果準備不足，那就等着面對一隻濕淋淋、暴跳如雷的嗜血怪物吧。
- 大蒜的氣味就像防吸血鬼噴霧，建議佩戴一些散發大蒜氣味的飾物。
- 可以用火燒死吸血鬼，不過火勢必須非常猛烈，在他的身體組織再生前燒成灰燼。燒焊用的火槍也許能派上用場，當然別忘了把灰燼掃乾淨啊！

因此德古拉伯爵來敲門時，你不用躲在被鋪下發抖。只要事先準備好對付吸血鬼的工具，你就可以讓他落荒而逃！

吸血鬼之現實與虛構

根據傳說，吸血鬼擁有一些極度奇怪的特徵。這些特徵會否只是恐怖故事裏的虛構橋段？還是真實存在？

鮮血大餐

吸血鬼的特徵或許各有不同，但全部都有一個共通點：飲用血液。不過單靠吸血，真的可以維持生命嗎？

儘管人類需要血液在血管流動才能生存，但把血液作為糧食卻有幾個缺點。血液含有許多營養素，又同時含有對身體有害的物質，例如鐵。鐵是一種金屬，是它令紅血球帶有深紅的顏色。我們需要鐵來運送氧氣給體內的細胞，不過過多的鐵會導致肝臟疾病，破壞神經系統，吃大量鐵就如服用毒藥啊！即使吸血聽起來有型至極，但勸你還是打消一輩子不停地吃血布丁的念頭吧。

也許有人能夠適應鮮血大餐，就像那些靠吸血維生的動物一樣。然而血液裏並沒有維持人類健康的所有營養素，看來吸血鬼也得吃吃蔬菜，補充營養呢！

怪物秘典

吸血鬼是在 1845 年首次描繪成有尖牙。當時一個關於吸血鬼瓦尼（Varney the Vampire）的故事寫道：「他尖銳的牙齒猛然一咬，咬住了那個女人的脖子。」

怪物秘典

在中世紀的歐洲，人們並不認識吸血蝙蝠，牠們的名字是來自吸血鬼。

貨真價實的吸血鬼

　　吸血鬼是百分百真實的——至少牠們存在於動物界。有的動物完全依靠吸血來維生，有的雖然會吃不同種類的食物，但仍然吸取大量血液。有膽色便來認識一下這些貨真價實的吸血鬼吧！

吸血蝙蝠的尖牙就像開瓶器一樣，能夠刺穿獵物（大多是動物）又厚又韌的皮膚，留下獨特的雙齒洞咬痕。接着，牠們會用舌頭舔傷口滲出的血液。

吸血地雀在科隆羣島生活，當地的淡水不多。當吸血地雀口渴時，便會用喙來啄鰹鳥的屁股，然後開懷暢飲牠們的血液。

蒼蠅會在獵物身上戳、咬或抓出傷口，然後用嘴巴裏的海綿組織吸取血液。牠們進食時就像給獵物派名片一樣，會留下一點糞便與尿液作記認。

水蛭身體兩端都有吸盤，以便附在獵物的皮膚上。牠們會分泌黏液抓緊皮膚，同時用排列成環形的鋸齒狀牙齒來吸血，留下Y字形的傷口。當水蛭吃飽了，身體可以膨脹至原來大小的9倍！

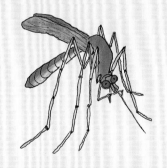

蚊子的武器是又長又鋒利的喙，它就像劍一樣，能夠刺穿皮膚。蚊子會向傷口注射一種物質，阻止血液凝固，然後把喙當作吸管來吸食血液，大吃一頓。

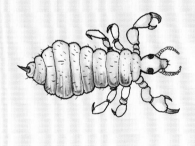

頭蝨喜歡抓住毛髮，走近頭皮，並終身（約三十天）待在那裏。牠們會用嘴巴裏的口針鋸穿頭皮，然後吸血。

吸血鬼是怎樣吸血？

　　從獵物的脖子津津有味地享用鮮血大餐，是吸血鬼常見的形象。這種設定在科學上是合理的，那是因為脖子兩側的頸動脈是人體最大的動脈。它們負責將富含氧氣的血液從心臟輸送到頭部和腦部，聰明的吸血鬼當然要吸營養最豐富的血液啦！

咬一口！

　　你可能見過狗、貓或蛇長有鋒利的尖牙，不過大部分人類都沒有這種尖牙。人類的牙齒經過不斷進化，令我們毋須使用尖牙也能吃許多不同的食物。嘴巴前方呈方形的牙齒（門牙）可以咬斷堅硬的食物，例如胡蘿蔔。嘴巴後方凹凸不平的臼齒可用來磨碎堅韌的食物，例如肉類和果仁。我們的犬齒跟尖牙最相似，能夠刺穿食物，例如蘋果，而不是脖子。

　　不過有些人會因為基因突變，而患上罕見的先天疾病，稱為少汗性外胚層發育不良症。患者的顎骨較狹窄，頭髮稀疏，眼睛下方皮膚的顏色較黑。他們還會長出又尖又長的牙齒，看起來與吸血鬼的尖牙非常相似！

吸血鬼病

除了令人長出尖牙的先天疾病外，還有其他令人看似吸血鬼的疾病。因此有些歷史學家認為那是18世紀的吸血鬼爭議中，人們聲稱目擊吸血鬼的原因。雖然患上這些疾病的人實際上都不會吸血，但外觀與行為確實會變得跟吸血鬼一模一樣！

- 結核病：一種名為結核桿菌的細菌感染肺部導致，會令患者臉色蒼白、怕光，還會咳出血液。如果這些血液不慎殘留在嘴唇上，那就好像剛剛吸了血一般。
- 其中一類鼠疫：會破壞肺組織，患者每一下呼吸都有機會給嘴唇染上血漬。（詳見第62頁）
- 狂犬病：可令患者變得脾氣暴躁，害怕光線、水或鏡子。全球最常見的狂犬病傳播者是流浪犬，而在北美洲則是蝙蝠。（詳見第65及81頁）
- 着色性乾皮症：患者的皮膚接觸到太陽的紫外線時，會長出水

疱。他們隨時會因患上皮膚癌而死亡，因此必須避開陽光，以免毀容。
- 紫質症：由基因缺陷引起的疾病，可令患者對陽光敏感，膚色改變，尿液變紅，就像是吸血後身體產生的反應。（詳見第81頁）

每當這些疾病肆虐，死亡率便會突然上升。如果對傳染病缺乏認識，陷入恐慌的大眾難免相信有吸血鬼禍害人間！

人類能否永遠生存？

吸血鬼最引人入勝之處，就是擁有永遠不死的生命。即使你相信人類能夠以血液作為糧食，也不代表可以得到永生的特殊能力。如果吸血鬼真的存在，他們該如何克服死亡的關口呢？

大家來認識一下海拉細胞（HeLa cell）吧！這是一種人類細胞，自1951年在各國的實驗室裏廣受培植。海拉細胞是從一個患癌女子海麗埃塔·拉克斯（Henrietta Lacks）的子宮頸中取得，並以她姓氏與名字的首兩個英文字母來命名。雖然拉克斯最終病逝，但海拉細胞的生命力卻非常頑強，頑強得令人難以置信。

現在世界各地仍然有不少科學研究，使用拉克斯那些極不尋常的細胞。例如用來測試首劑小兒麻痺疫苗，研究癌症和愛滋病，還有探索病毒的性質、輻射對人類細胞的影響，以及開發基因圖譜。這還不算厲害！全球各個實驗室裏有數以十億計的海拉細胞蓬勃生長，有些科學家甚至認為它足以成為獨特的新物種！

海佛烈克極限

大部分人類細胞經過一定次數的分裂後便會死亡，這個分裂次數上限稱為海佛烈克極限。當細胞到達這個極限時，便會以某種形式「自殺」，這個過程稱為細胞凋亡。

以下是細胞凋亡的原理：細胞裏的染色體末端擁有端粒，它能保護染色體和裏面的基因免受傷害。每當細胞分裂，端粒就會被削去一部分，變得越來越短。當端粒變得太短時，便會發出信號，令細胞自我毀滅，開始細胞凋亡。

雖然所有細胞都有海佛烈克極限，但它們的凋亡速度並非一致，有些細胞需要較長時間才到達這個上限。那得感謝端粒酶這種酵素修補端粒，防止端粒變短和自我毀滅。擁有較多端粒酶的細胞能夠分裂更多次，而且生存得更長久。

海拉細胞是如何運作的？

海拉細胞是由癌細胞衍生而成，擁有非常活躍的端粒酶。跟一般癌細胞相比，海拉細胞的分裂次數更多，分裂速度也更快。海拉細胞每22小時分裂一次，而一般癌細胞分裂需要48至96小時。海拉細胞分裂時端粒不會變短，因此能夠超越海佛烈克極限，永不凋亡，絕對算得上永生不死。

海佛烈克極限能幫助吸血鬼逃避死亡嗎？

細胞死亡和海佛烈克極限跟吸血鬼有何關係？關係可大了。試想像一下，如果吸血鬼的細胞像海拉細胞一樣，超越了海佛烈克極限，就能活得遠比普通細胞長久。

一般人類細胞大約可分裂50次，假設吸血鬼細胞分裂的次數是人類細胞的4倍，即200次，如此吸血鬼便可能生存到488歲——最長壽人類歲數的4倍。如果吸血鬼的細胞能分裂500次又會怎樣？那麼他們便能夠生存1,220年。只要吸血鬼擁有的端粒酶像海拉細胞一樣效能出眾，就可永生不死了。

怪物秘典

法國女子雅娜·卡爾芒（Jeanne Calment）出生於1875年，活到122歲。她是有紀錄以來，最長壽的人類。

吸血鬼打破海佛烈克極限後，自然會獲得其他吸血鬼的典型特徵。以他們赫赫有名的再生能力為例，吸血鬼受了任何傷害也能立刻治癒。那是因為超越了海佛烈克極限的細胞能夠快速分裂，在轉瞬間產生新的身體組織，讓傷口「嗖」的一聲便癒合了。不管吸血鬼看起來多麼蒼白，身體裏破舊或受損的細胞仍會不斷修復，保持健康。

神奇的變「態」能力

據說吸血鬼能夠變成動物，那是真有其事嗎？雖然動物似乎不太可能變成另一物種，不過有些動物的外表確實能夠轉變成完全不同的生物。

舉例說，大部分兩棲類動物都能改變外觀。試想想在水中生活的蝌蚪，長大後會變成在陸上生活的青蛙。兩者之間的差異巨大，卻有助牠們生存。蝌蚪依靠水中的食物來維生，例如藻類、浮游生物、細小的昆蟲幼蟲等。不過池塘和湖泊裏充滿危險，隨時成為其他動物的獵物。長出肺部與腿部後，青蛙便能到陸地上生活。在那裏，青蛙會較容易逃避危險，又方便覓食，例如——啪！——蒼蠅。

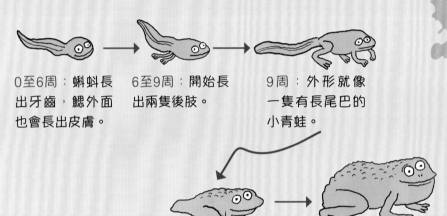

0至6周：蝌蚪長出牙齒，鰓外面也會長出皮膚。

6至9周：開始長出兩隻後肢。

9周：外形就像一隻有長尾巴的小青蛙。

9至16周：尾巴逐漸脫落，長出肺部和舌頭。

16周：變成成年青蛙，能在陸地上呼吸氧氣。

瘦體素

生物是如何施展魔法，變化出不同的外形？秘訣在於荷爾蒙。荷爾蒙能夠產生化學信息，觸發動植物的細胞活動。人類身體裏有超過50種不同的荷爾蒙，其中一種名為瘦體素，正是它令蝌蚪變成青蛙！不過，在哺乳類動物體內，瘦體素只負責調節食慾。如果增加瘦體素水平，人類就能像青蛙那樣改變形態嗎？人類的手臂能變成蝙蝠一般的翅膀嗎？勸你可別指望瘦體素了！

吸血催眠術

相傳吸血鬼擁有操控獵物的可怕能力，他們以懾人心神的凝視來誘惑人接近，就像飛蛾撲向冰冷詭異的火焰一般。

那是如何做到的呢？其中一個顯而易見的答案就是透過催眠術，進入了催眠狀態的人容易受到暗示的力量影響。催眠師受過專業訓練，能夠令他人進入催眠狀態。

催眠術是如假包換的技術，醫護人員會用來幫助人們克服恐懼，還有戒除吸煙等壞習慣。許多人也會自行練習催眠術，當作放鬆的方式。有些魔術師更會邀請觀眾到舞台上接受催眠，令他們做出荒誕（但無害）的事情，例如像雞那樣啼叫，或是扮演在暴風雪中受困的樣子。

催眠術是怎樣運作的呢？首先，催眠師會請你注視一個物件，例如晃動中的懷錶。這樣你便能摒除所有事物，專注地看著催眠師希望你留心的事物。接著，他的聲音會引導你進入放鬆與信任的狀態。也許催眠師會帶領你完成一些暗示（類似「你的手臂變得很沉重」的話），並鼓勵你想像一些愉快的場景，幫助保持放鬆。

一旦你進入放鬆的狀態，催眠師也許會給你一連串快速的指令。如果你信任他，你便會樂於按照他的指示去做，即使他的要求是「像雞那樣啼叫！」

因此，吸血鬼的凝視可能真的有催眠效果。為了讓你在那個時候順利脫險，你最好天天吃大蒜麵包當午餐吧！

你有多危險？

認識了吸血鬼的傳說和相關的科學知識後，你有什麼看法？吸血鬼真的存在嗎？抑或只是人們誤解的流言？請回答以下問題，然後核對答案。答對了可得到一根尖木樁，算一算尖木樁的數量，看看你即將變成吸血鬼、吸血鬼獵人，還是——嚇——吸血鬼的大餐！

① 相傳吸血鬼的王國在哪裏？
   a. 俄羅斯
   b. 保加利亞與羅馬尼亞
   c. 英格蘭

② 吸血鬼爭議是指什麼？
   a. 吸血鬼之間的鬥爭
   b. 人們相信吸血鬼存在
   c. 人們認為飲用血液對身體有益

③ 人們放血的目的是什麼？
   a. 排出邪靈
   b. 懲罰罪人
   c. 占卜未來

④ 吸血鬼是在哪年首次出現尖牙？
   a. 1845年
   b. 1897年
   c. 1957年

⑤ 防禦吸血鬼的最佳工具是什麼？
   a. 大蒜
   b. 番茄
   c. 尖木樁

⑥ 大量飲用血液會令人中毒，是因為血液裏含有什麼？
   a. 吸血酶
   b. 端粒酶
   c. 鐵

尖木樁數量

0至2根　吸血鬼的大餐——他想吸取你的血液……而你被他的催眠眼神完全迷住，同意成為下一位為他送上脖子的人！幸好你不會變成吸血鬼，只是覺得筋疲力盡而已。

3至4根　吸血鬼獵人——你預備了大蒜、尖木樁、保加利亞的詳細地圖，還有充足的吸血鬼知識。看來你已經準備好去追蹤那些長有尖牙的邪惡怪物，用尖木樁刺穿他們！

5至6根　真正的吸血鬼！——你迷人、吸引又聰明，可惜人們大多不敢接近你。如果你願意放棄把朋友當作食物，也許會更受歡迎。另外，建議你買一枝優質牙刷，刷亮那兩顆尖牙吧。

大腳怪 Bigfoot

怪物檔案

渾身長滿毛髮，像人猿一般的巨大生物，又稱北美野人。牠們在遙遠的地區居住，有時會住在山上，又會在夜間出沒，絕對令人毛骨悚然！

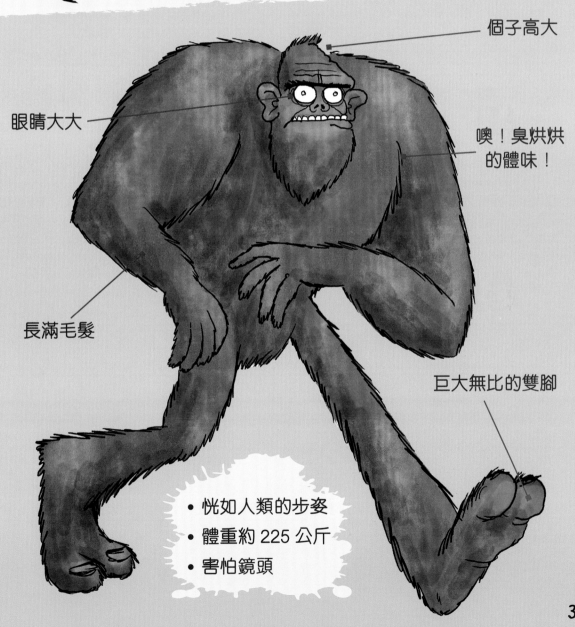

個子高大

眼睛大大

噢！臭烘烘的體味！

長滿毛髮

巨大無比的雙腳

- 恍如人類的步姿
- 體重約 225 公斤
- 害怕鏡頭

大腳怪的巨大世界

等等，你看見了嗎？牠往那邊的樹林跑過去了。牠的體形龐大，還長滿了毛，臭得像隻死掉的鼬鼠。那會不會只是個肌肉發達，需要去剪剪髮洗洗澡的登山客？抑或是那種稱為大腳怪的神秘怪物？

即使你說那是大腳怪，我也毫不驚訝。這種神秘、粗野、恍如人類的生物足跡遍布全球，有關牠的流言與傳說早已成了永恆的存在。

1. 大腳怪（又稱北美野人）：
   這種害羞、渾身長滿毛髮、身形巨大的神秘怪物，在美國加州一帶的山區神出鬼沒。在1811年，首次有人發現牠的蹤影。

2. 斯庫肯巨人：
   相傳是一種巨大、長滿毛髮的食人生物，在美國俄勒岡州的聖海倫山生活。牠的名字來自印第安原住民奇努克族的語言，意思是「森林裏的邪惡神祇」。

3. 野人：
   一種溫馴、長有紅色或白色毛髮的古中國傳說生物，是傳說中的森林魔怪或類似人類的熊。

4. 阿爾瑪斯人：
   俄羅斯傳說中的人形生物，有長長的手臂和紅棕色的毛髮，在1420年首次被發現。

5. 雪人（又稱令人討厭的雪人）：
   居於尼泊爾冰天雪地的高海拔地區，是種神秘的生物。在1925年首次有目擊報告，目擊者大多提及牠拿着巨石製成的武器。牠不會說話，但會發出兇惡的口哨聲。

6. 幽威（又稱雅虎）：
   來自澳洲原住民神話，是一種住在森林、長滿毛髮的人形生物。牠擁有極長的手臂，雙腳向後生長，因此牠走路時留下的腳印會令人走錯相反方向的路呢！

漫長（又驚險！）的歷史

大腳怪擁有一段漫長，又令人毛骨悚然的歷史。古希臘歷史學家阿伽撒爾基德斯（Agatharchides）曾描述過東非野外的非人生物；古羅馬歷史學家老普林尼（Pliny the Elder）則提及印度有一羣野生動物，擁有人類一般的身體，但渾身被毛髮覆蓋，長有尖牙，而且不會說話。到了公元前500年，北非古國迦太基的航海家漢諾（Hanno the Navigator）也表示在西非看見過一羣長滿毛髮，貌似人類的野人。

中世紀期間，有關森林野人的說法成為了歐洲各地的熱話。牠有時候是半人半山羊的精靈法翁，有時是由植物組成的綠人。

為什麼這些野人故事如此深受大眾喜愛？這些可怕生物的傳說也許是由營火故事演變而來，用以警示人們注意森林裏的危險。森林與深山往往是盜賊或隱士的家園，他們不希望有人前來打擾。（就像《俠盜羅賓漢》中的亡命之徒一樣）

現代文明從1萬年前開始，到處狩獵和採摘植物的遊牧民族定居下來，展開新的農耕生活。這些人成為農夫後，與延續昔日習慣的人競爭，爭奪土地和資源。「活在森林的野人」可能就是他們用來描述那些繼續以原始方式來生活的人。

關於神秘人獸的民間傳說一直只是「傳說」，直至20世紀有人聲稱目擊這些生物後，人們開始懷疑：大腳怪是否真的存在？

大腳怪的大突破

大腳怪於1958年一夜成名，當時美國加州一個建築工人傑拉爾特‧克魯（Gerald Crew）在建築工地裏發現一雙巨大的腳印。他請朋友給腳印製作石膏模型，然後向報章記者展示。這些報道像野火燎原迅速散播，一個全新的行業——大腳怪獵人就此誕生了！

到了1967年，大腳怪的名氣更上一層樓。羅傑‧帕特森（Roger Patterson）和卜‧吉姆林（Bob Gimlin）聲稱無意中拍攝到大腳怪的影像，地點同樣在加州。他們的短片全長不足4分鐘，片段中一隻疑似雌性的大腳怪腳步輕盈地在森林裏遊走。許多人認為那只是穿着黑猩猩戲服的演員，但也有不少人相信人們製作不了如此幾可亂真的戲服。

這些爭議令大腳怪成為天王巨星：電視節目、電影、玩具、桌上遊戲、漫畫和彈珠遊戲都以這位毛茸茸的巨型英雄作主角，甚至有大腳怪的糖果呢！

數年後，有證據證明人們目擊大腳怪只是一場騙局。那麼克魯發現的腳印究竟是什麼？那是假的，由喜愛惡作劇的雷‧華萊士（Ray Wallace）製作。2004年，一個名為卜‧海羅尼默斯（Bob Heironimus）承認曾經穿上類似人猿的戲服，幫助帕特森和吉姆林拍攝短片。

怪物秘典

在美國華盛頓州斯卡梅尼亞縣，殺害大腳怪是違法的。

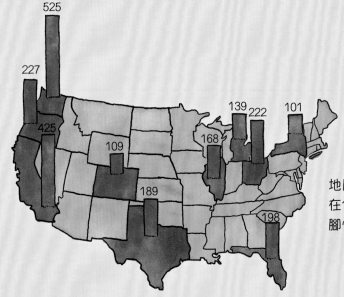

525
227
425
109
139 222
101
168
189
198

地圖上不同位置的數字顯示美國在1921至2013年間，有人目擊大腳怪出沒的地方與次數。

令人討厭的騙局

如要談論大腳怪，便不得不討論一下假冒、欺騙和謊言。這種神秘巨獸的歷史充滿了偽造的目擊報告。

- 尼泊爾一間修道院裏保存了一隻據稱來自雪人的手，當地人把它奉為宗教聖物。這隻手於1958年被盜後，輾轉流落到美國影星占美·史超活（Jimmy Stewart）手中，並由他偷運出國。2011年，基因鑑定發現這隻雪人的手只不過是人類骸骨。
- 紐西蘭探險家艾德蒙·希拉里爵士（Sir Edmund Hillary）於1960年展開追蹤雪人的探險之旅，其間他在上述尼泊爾修道院偶然發現一塊雪人頭部的皮。這塊皮經化驗後，發現原來是喜馬拉雅山一種長鬃山羊身上的皮膚。
- 2008年，兩個男子聲稱在美國喬治亞州一個森林裏發現一具大腳怪的遺體。有人付了5萬美元的報酬，請他們把經歷說出來。在記者會上，他們展示了那具封存在冰塊裏的遺體。冰塊融化後，大家才知道那並不是大腳怪，而是萬聖節的變裝戲服，裏面更塞滿了在馬路上輾死的動物屍體！

為什麼人們要捏造大腳怪？原因林林總總。有人認為尼泊爾人講述雪人的傳說是為了吸引遊客，也有人是為了獲得關注而講述驚險的故事，有些人則用來賺錢或當作娛樂。反正沒有人會知道真相，開開玩笑不是很好玩嗎？

謎團重重的生物

　　放學回家的路上，你發現了一隻骯髒的流浪犬。牠的毛髮纏成一團，看來需要好好洗個澡。當你把牠清洗乾淨，梳理好毛髮，以為牠會變成貴婦狗一般漂亮時，你才發現這隻新寵物根本不是狗……而是一隻身分成疑的野獸！

　　雖然這種情況匪夷所思，但科學家確實不斷發現一些神秘的新物種。牠們大部分是細小的微生物或昆蟲，但可能有一些大型動物，例如大腳怪（還有你的新寵物！）尚待發現。那些還未正式確認和命名的動植物稱為「神秘生物」（cryptid），嚴格而言大腳怪也算是其中一種啊！

　　不少大型動物都是在不久之前才有人發現，把牠們分類。說不定大腳怪將來也會被證實為新物種！

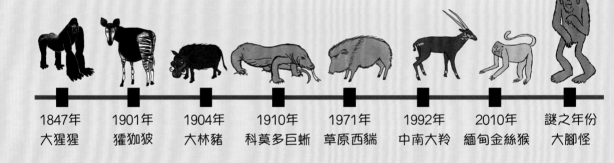

1847年	1901年	1904年	1910年	1971年	1992年	2010年	謎之年份
大猩猩	㺢狓狓	大林豬	科莫多巨蜥	草原西獴	中南大羚	緬甸金絲猴	大腳怪

神秘生物學

　　你有興趣追尋大腳怪嗎？要不要成為一位神秘生物學家呢？那是專門研究神秘生物的科學家，他的英文cryptozoologist由意指「隱藏」、「動物」和「研究」的三個希臘詞彙組成。

　　成為神秘生物學家必須學習科學知識，例如生物學或動物學。你還會透過實地考察，在自然環境中觀察動物。最後，請你加強數學技能。神秘生物學家需要分析大量數據，從中分辨真偽。

給物種命名

你決定了那隻神秘新寵物的名字了嗎？當科學家發現新物種後，也要為牠們命名。動植物的科學命名法（即生物分類系統）是瑞典博物學家卡爾·林奈（Carl Linnaeus）的偉大貢獻。

這個分類系統有數項指引，幫助科學家明確選用新物種的學名。地球上每一物種都跟你一樣，擁有名字和姓氏。假設你的新寵物學名是熊屬寶奇，那麼「熊」就説明了那種生物的屬，你可把它視作姓氏。而「寶奇」則標示出獨特的物種名稱，就跟你的名字一樣。

生物分類的系統

全球有120萬個已知的物種，多得難以逐一追查和記錄！為了把各個物種分門別類，我們至今仍會使用林奈在1758年發明的分類系統來區別動植物，稱為生物分類學。

系統會根據生物的特徵，分成不同組別，例如看看動物有沒有脊索（類似人類的脊椎）。得出一個組別後，又再分成更精細的類別。

雖然分類系統非常有用，但現有的類別並非永恆不變。隨着科學家對生物了解更多，得知牠們如何演變，以及彼此有何關係，這個系統也會與時並進。

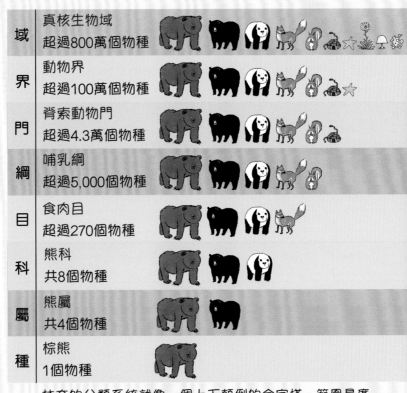

域	真核生物域 超過800萬個物種	
界	動物界 超過100萬個物種	
門	脊索動物門 超過4.3萬個物種	
綱	哺乳綱 超過5,000個物種	
目	食肉目 超過270個物種	
科	熊科 共8個物種	
屬	熊屬 共4個物種	
種	棕熊 1個物種	

林奈的分類系統就像一個上下顛倒的金字塔，範圍最廣的分類在頂端。當你往金字塔下方移動時，分類會變得逐漸明確，最後指向特定物種。請看看上圖，這是熊屬棕熊的分類。（是真正的熊啊！）

誰是大腳怪？

假設大腳怪真實存在，牠們究竟是什麼？有神秘生物學家提出幾個疑似大腳怪的生物，大家一起來看看吧！

大腳怪疑犯1：
(本應) 絕種的靈長類動物

在史前時代，曾經有一種恍如大腳怪的生物存在。步氏巨猿是一種高大的黑色人猿，於12.5萬年前在中國周邊地區生活。牠們主要進食竹子，從沒對人類構成太大威脅，因此兩者一直和平共存。不過加州附近的山區並沒有竹子，即使步氏巨猿仍未絕種，也不大可能找到牠們的後代，當然這不代表其他古老的靈長類動物無法在當地生存。

直至3、4萬年前，地球上仍然擁有超過一種人科動物生活，包括人類和我們其他的祖先。其中一種早期出現的人科動物是尼安德塔人，跟人類雖是不同的物種，但同樣由同一祖先進化而成，算得上是近親。牠們與人類非常相似：會使用工具，創作藝術，並以遊牧民族的形式生活，靠狩獵與採摘植物維生。不過尼安德塔人長得較矮小壯實，頭骨形狀也跟人類不同。

尼安德塔人約在4至20萬年前居於歐洲和亞洲一帶，逐步與人類一起生活，甚至互相交配。今天有部分人體內的基因源自尼安德塔人，特徵就是紅色的頭髮！

怪物秘典

有些人的基因裏擁有多達百分之四的尼安德塔人DNA！

這個是人科動物的族譜，顯示人類與我們的近親如何由共同祖先（巧人）進化而來。

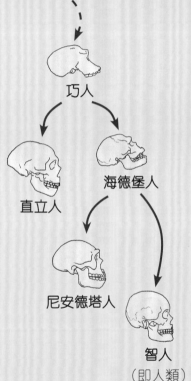

巧人

直立人

海德堡人

尼安德塔人

智人
（即人類）

尼安德塔人跟大腳怪有什麼關係？請看看左邊的表格，比較一下牠們的分別。

	尼安德塔人	大腳怪
力大無窮	✓	✓
紅色頭髮	✓	✓
溝通技巧	✓	謎
使用火和工具	✓	謎
在北美洲生活	✗	✓

到底什麼是進化？

人類和尼安德塔人擁有共同的祖先，名為海德堡人，如今已經滅絕。遠古祖先經歷了一段漫長時間，自然地演變成現在的模樣，這個過程就是「進化」。1859年，英國博物學家查理斯·達爾文（Charles Darwin）在他革新的著作《物種起源》中講解了進化的原理。

達爾文觀察各個物種的特徵，研究牠們如何隨着時間變化。毛髮的顏色也許對生存無關緊要，但有些特徵確實重要得多。試想像一下，假如你是一種名叫鳴鳥的雀鳥，在太平洋的科隆羣島上生活。其中一個島嶼上的種子外殼非常堅硬，只有喙部堅固的鳴鳥才能啄開。於是這一批鳴鳥存活下來，並把基因遺傳給下一代。其他喙部較脆弱的同類就要挨餓，走向滅亡，最終只剩下喙部堅固的鳴鳥。

達爾文把這個過程稱為天擇，意思是自然淘汰。他透過許多不同物種展示天擇的機制，認為那是促進生物進化的動力。在達爾文身處的時代，

這個理論引起了很大爭議。時至今日，許多科學家已經證實天擇不僅真確無誤，還不斷在我們眼前發生！

大腳怪疑犯2：錯認的動物

所謂「大腳怪」有機會只是人們認錯動物，把牠們當作神秘的野獸。這絕對有可能，而且這種情況並不是第一次發生！

1983年有探險家到尼泊爾和西藏時，發現了一些類似雪人的腳印。不過這些探險家都半信半疑，因為村民提及附近有兩種熊出沒。研究員在當地蒐集疑似雪人的頭骨，然後與數個博物館裏的頭骨樣本比較，結果發現跟亞洲黑熊的頭骨吻合。

2014年，科學家從世界各地的博物館和私人收藏家手中取得37個疑似雪人毛髮樣本。他們做了詳細的基因分析，發現大部分都是來自人們認識的哺乳類動物，包括北極熊、美洲黑熊和浣熊！其中兩個樣本較具爭議，不過最後證實那可能是屬於罕見的喜馬拉雅棕熊。

在北美洲，灰熊和黑熊説不定就是出現大腳怪傳説的幕後黑手。牠們不僅在大腳怪出沒的地區生活，而且成年灰熊或黑熊跟大腳怪的外觀和行為非常相似。當牠們用後肢站立時，身高可達3米，看來就像個毛髮亂蓬蓬的巨人。加上灰熊聰明絕頂，有可能會像人類一樣，在黑夜中翻找你的露營裝備。

怪物秘典

有研究顯示，年輕的亞洲黑熊擁有類似人類的腳印。

不尋常的混合體

牠是一隻灰熊！不，牠是一隻北極熊！不，牠是一隻北極灰熊！2006年，科學家在加拿大北部地區意外發現一種奇怪的動物：灰熊與北極熊雜交的後代。2010年，人們發現第二隻北極灰熊，那是由灰熊爸爸和北極灰熊媽媽交配誕下的。

氣候變化迫使北極熊向南方地區遷移，甚至進入灰熊的棲息區域，研究人員認為這些混種熊會變得越來越常見。也許大腳怪就是北極灰熊，甚或是其他全新的混種動物！

大腳怪疑犯3：森林裏的野人

在中世紀時期，盜賊和隱士有時會住在森林裏。其實每個時代的不同地方，總會有人拒絕與世人為伍，在野外獨居，其中最著名的例子就是「北塘隱士」。他獨自住在森林裏一個帳幕整整27年，其間只跟一個路過的登山客説「你好」。他從不會生火，以免被人發現。也許大腳怪是貨真價實的人類，只是選擇在大自然中獨處。

野孩子

試想像一個孩子在野外迷路，由野生動物撫養長大，然後一輩子住在森林裏！這類野孩子確實存在，來看看以下個案。

在18世紀，法國有人發現一個野生女孩。女孩的拇指比平常人大，她會用拇指來採掘植物，又會像松鼠一般在樹木之間跳來跳去。

在1912年左右，據説印度某個村落的村民槍殺一隻獵豹幼兒後，有一個男孩失蹤。3年後，人們在一個山洞裏發現了那個「獵豹男孩」，跟兩隻獵豹幼兒待在一起。那顯然是獵豹媽媽偷走了他！

1972年，在印度發現了另一個名叫山姆迪奧（Shamdeo）的男孩。當時他大約4歲，正在與幼狼玩耍。他的牙齒比一般人鋒利，還會吃生肉和泥土。他學會了手語，但一直不懂説話。

「野孩子」長大成人後，會不會變成大腳怪那般模樣？雖然迄今仍然沒有確實的個案記錄下來，但誰説沒有這可能？

弄錯了？

那些報稱目擊大腳怪的人並不全都是騙子，有些人確信看到一隻渾身毛髮的巨型怪物穿越森林。他們是被自己的腦袋捉弄了嗎？試考慮以下因素，便會知道為何眼見未為真。

驗證偏誤

下雪了！朋友邀請你一起製作雪人。可是，你認為那是浪費時間——外面太冷了，而雪太乾了。可憐的雪人果然無法成形，最終變成了一團亂七八糟的雪。朋友怪責你故意殺死雪人，但你發誓已盡力而為。到底誰對誰錯？也許你們兩個都沒有錯。你真心相信自己已經竭盡全力，但你的潛意識（「那是浪費時間」）破壞了整個計劃。

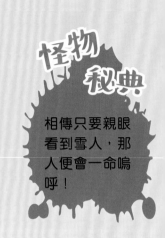

怪物秘典

相傳只要親眼看到雪人，那人便會一命嗚呼！

類似的情況常會發生，例如科學家的想法與感受可能不自覺地破壞了研究計劃。那就是「驗證偏誤」，即人們的信念（偏見）強化了結果。換句話説，如果你期望得出某個結論，你可能會下意識地操控實驗，令結果符合預期。於是你證明了自己的信念正確，但實驗的結果未必可靠。科學家必須格外小心，確保他們的期望不會影響實驗結果。

暗示的力量

當朋友指向某個地方大叫：「有蛇！」你一看，真的有蛇！你的心臟怦怦亂跳起來，卻忍不住再偷看一眼。現在你看見了……原來只是一根扭曲的樹枝。

要是朋友沒有大喊「有蛇」，你會不會被那根樹枝欺騙？大概不會。暗示的力量非常強大，不少廣告商都依賴這種力量。（有試過看到展示美味多汁的漢堡包廣告後，突然想吃漢堡包嗎？）連醫生也會利用它，給病人處方安慰劑（即沒有醫療效用的藥物）。雖然那是虛假的治療，卻確實會令人感到舒服一些。

尋找大腳怪的人也臣服於暗示的力量：一旦有人報稱看見了大腳怪，其他人便很有可能「看見」大腳怪，即使他們只是看見一條長滿苔蘚的大木頭。

威力強大的安慰劑

安慰劑是一種虛假的醫療方式，例如：處方強力的藥物，令你以為自己正在接受治療，但實際上那藥物只是糖水。安慰劑的效果非關藥物的成分，而是全賴暗示的力量。只要病人相信治療有效，病情便會好轉。

這聽起來相當不可思議，但安慰劑確實有用。在某個醫學研究中，醫生給一組心臟病患者裝上心臟起搏器，維持心臟正常跳動。另一組病人則裝上不能運作的心臟起搏器，但自以為它運作如常。3個月後，兩組病人的心臟都比之前運作得更好。這就是安慰劑的厲害之處！

規律的力量

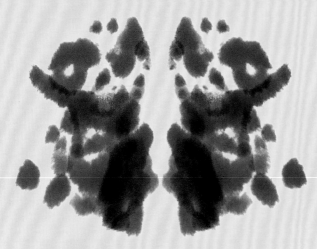

你在這幅圖裏看見什麼？一對蝙蝠？一個惡魔？一隻跳舞的兔子？統統不是，這幅圖根本什麼都不是，只是隨意潑濺的墨水！不過人類的腦袋喜歡從事物中找出意義，又會在雜亂無章的東西中創造規律，還會把任何隨意畫出來的形狀變成圖畫。現在看看這幅圖：

你看見一張臉了嗎？人類特別擅長在一大堆圖案中找出臉孔，那是人類腦部最容易形成的規律。

在目擊大腳怪的個案中，有機會是受到這種製造規律的傾向影響。也許當時遠方有一個樹頭，在陽光下形成疑似大腳怪的剪影。那雙直瞪着你的眼睛，也許只是樹皮上一些圖案。這種現象十分普遍，難怪在北方森林裏植樹的人會把遠處的樹頭叫作「熊樹頭」，因為他們常常認錯是灰熊或其他生物。

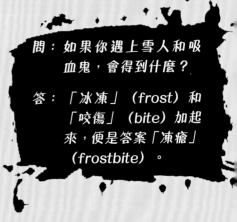

問：如果你遇上雪人和吸血鬼，會得到什麼？

答：「冰凍」（frost）和「咬傷」（bite）加起來，便是答案「凍瘡」（frostbite）。

視錯覺

看看右邊的兩幅圖，哪一顆橙色圓點比較大？是上方還是下方？你可能會感到出乎意料，這兩顆圓點其實大小相同。毋須驚訝，正是眼睛欺騙了你，這種情況稱為視錯覺。

因應物件周遭的事物，看起來可能會比實際上大或小。當你站在一個足球場中央，與坐在幼稚園教室一張小椅子上，在別人眼中你的身高肯定截然不同。四周的光暗程度，能不能看見地平線，有沒有陰影等因素，都會影響我們判斷事物的大小。這些背景資訊幫助腦部了解看見什麼，卻同時誤導我們。

大腳怪出現時，通常有一些誤導人的背景資訊。在昏暗的深山裏看不見地平線，無法準確判斷物件之間的距離。這時，如果有人或熊站在一叢矮樹旁，而你又跟他/牠頗接近的話，看起來就好像放大了一樣。

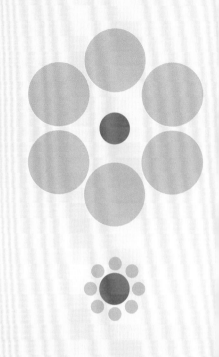

記憶可靠嗎？

一個登山客驚慌地講述跟神秘野獸相遇的可怕經歷，他說的也許是真話，但不代表那些東西真實存在。科學研究顯示記憶並不可靠，每當你複述故事一遍，也同時改寫了腦海中的情節。最終只會記得你的記憶，而不是實際發生的事情。

回憶一件事就如開啟電腦中的文件，每一次打開文件，腦部的硬碟也會記錄一些細微的變化。如此儲存下來的文件已不再是原本的版本，而是一份新文件。

因此，那位登山客每次講述親身經歷時，回憶中那個可怕又模糊的身影都有點不同。一段時間過後，他或許會相信自己親眼看見過一隻毛茸茸的大腳怪。

大腳怪
出沒注意

大腳怪的求生指南

視覺會愚弄我們，但不等於它沒有用處。那些眼睛開的玩笑，還有關於大腳怪的營火故事，有時是為了提醒我們提防森林中的危險生物。假如大腳怪不只是個「營火故事」，那又會怎樣？不如來看看牠們如何在世界上最嚴峻的棲息地中生存吧！

在世界的頂端

相傳雪人在山上生活，這些高海拔的地區氧氣較少。而動物和人類都需要氧氣來維生，因此牠們必須像其他高山動物一樣，適應低氧的環境。

舉例說，南美安第斯山脈的居民血液中擁有較高濃度的血紅蛋白。血紅蛋白負責運送氧氣，濃度較高的話，能讓每一下呼吸帶更多氧氣到身體的細胞裏。因此當地居民能夠在氧氣較少的地方活得健健康康，不會出現呼吸困難。

血紅蛋白是如何運作的？

血紅蛋白是血液中的一種粒子，幾乎所有哺乳類動物都依靠它來運送氧氣。它由球蛋白和含有鐵的血紅素組成，就是其中的鐵令血液擁有鮮紅的顏色。

鐵能夠與氧氣結合，血紅蛋白善用這個特性，來改變氧氣的狀態。在運送時，氧氣會與鐵結合，帶到身體各個部分。當氧氣到達目的地，血紅蛋白便會改變形狀，釋出氧氣。

安第斯山脈有一種動物叫鹿鼠，牠血液中的血紅蛋白擁有獨特形態，能更有效地運送氧氣。也許雪人的血紅蛋白跟鹿鼠的一樣呢！

很冷啊！

如果你曾經登上高峯，便會發現爬得越高，氣溫越低……越來越冷。身處高海拔地區，簡直冷死人了！在高山上生活的大腳怪該如何禦寒呢？龐大的身軀也許派得上用場。溫血動物的體形越大，越容易保持溫暖。這是因為牠們能把肚子裏的大部分食物轉化成能量，在體內產生熱力，保持恆溫。跟爬蟲類等冷血動物相比，同等體形的溫血動物需要吃較多食物，以產生更多熱力。

在比例上，體形大的動物反而相對擁有較少皮膚。這特點在氣候寒冷的地區非常重要，因為熱力是透過皮膚散失。細小的動物不僅產生較少熱力，熱力流失的速度也較快。

說到這裏，故事仍是合情合理。大腳怪確實需要龐大體形才能保持溫暖，不過體形大小不是決定一切的因素。頭髮、毛皮和羽毛都是良好的保溫物料，穿上這溫暖的「毛皮外衣」就能困住身體周遭的空氣。體內流失的熱力讓這層空氣變暖，成為一條舒適的隱形被子。

除此之外，脂肪也能夠保暖。海豹、鯨魚和海象都有厚厚的脂肪層，稱為海獸脂，讓牠們在冰冷的海洋中保持溫暖。大腳怪皮下最好也有一層厚厚的脂肪，幫助牠們戰勝嚴寒天氣。

巨大的糞便

巨型的動物必然會留下巨大的糞便，不過至今仍沒有人發現過大腳怪的糞便。那就說明大腳怪即使存在，也會是比傳說細小得多的動物。

大腳怪捉迷藏

你已經追查過關於大腳怪的事跡，大概閉上眼睛也能找到牠們！請回答以下問題，測試一下你掌握了多少知識，然後核對答案。答對了可得到一個大腳怪腳印，算一算腳印的數量，看看你會成為知名的大腳怪獵人，還是長得像個大腳怪的傢伙！

① 灰熊和北極熊混種誕下的動物是什麼？
② 尚未確認的動植物稱為什麼？
③ 是誰發明生物分類的系統？
④ 帶着氧氣在血液裏運行的是什麼？
⑤ 哪種視覺現象可以說明目擊疑似大腳怪的情況？
⑥ 英國博物學家達爾文認為什麼是促進進化的主要動力？
⑦ 具實際效果的虛假藥物稱為什麼？
⑧ 尼安德塔人的後代有什麼特徵？

腳印數量

0 至 2 個 驚人的大腳怪——鏡子裏盯着你那毛茸茸又巨大的生物是什麼？那就是你自己！恭喜你成為大腳怪模仿比賽的優勝者。有什麼獎品？當然是泡一個熱水澡啦！

3 至 6 個 大腳怪獵人——你帶備了加州北部地圖、攝影機、毛髮樣本收集工具，還有糞便收集器。看來你已經準備好創造歷史，加油吧！

7 至 8 個 大腳怪發現者——你找到大腳怪了！而且是活生生的大腳怪！試試用烤芝士三明治配雜菜沙律，引誘這個毛茸茸的新朋友下山吧！科學家會用你的名字來為這隻怪物命名，那將會是全新的物種呢！

答案：1. 北極灰熊　2. 神秘動物　3. 林奈　4. 血紅蛋白　5. 空想性錯視　6. 天擇　7. 安慰劑　8. 紅頭髮

56

喪屍 Zombie

怪物檔案

能夠活動的屍體，為了吃人類的肉而從墳墓裏走出來。它們沒有思想、感覺或記憶，真真正正行屍走肉，只專注於一件事——大口大口咬你的腦袋！

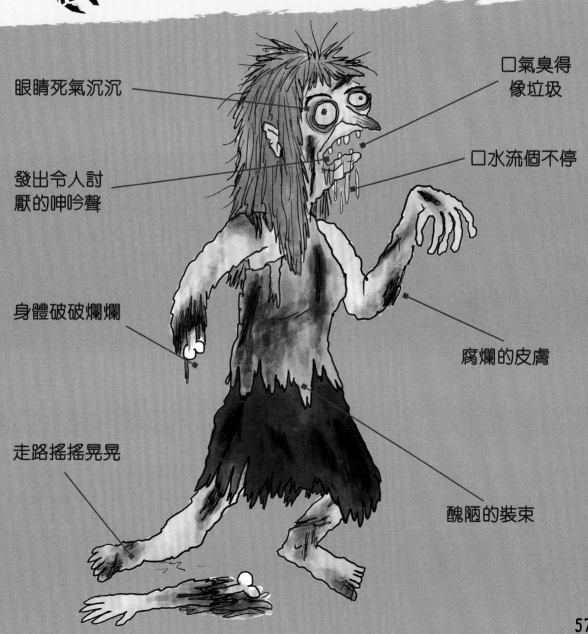

眼睛死氣沉沉

發出令人討厭的呻吟聲

身體破破爛爛

走路搖搖晃晃

口氣臭得像垃圾

口水流個不停

腐爛的皮膚

醜陋的裝束

喪屍的起源

你躲在被窩裏看可怕的喪屍漫畫，看了一整個晚上。到了早上，你覺得有點不舒服。只好拖着沉重的步伐，帶着半垂的眼瞼，坐在餐桌前，用病懨懨的聲線跟家人說話。

今時今日，假如你睡不夠，大家可能會說你看來像喪屍，不過喪屍這概念究竟從何而來？原來喪屍的歷史可追溯至數百年前。1685年，法國國王路易十四通過了一項法律，名為《黑人法典》（*Code Noir*）。這項法律訂明法國和所有受法國統治的殖民地，只能信奉羅馬天主教。

這些殖民地不少位於加勒比海地區，例如海地。當地有不少生產甘蔗的種植場，那些商人會購買從非洲擄來的奴隸，讓他們在種植場裏工作。根據《黑人法典》，不論那些奴隸是否願意，都必須轉信天主教，不過他們大多擁有自己的信仰——伏都教。那些奴隸一直偷偷信奉伏都教，還把象徵天主教的物品融入宗教儀式作為掩飾，例如聖壇、蠟燭等。

經過一段時間，形成了新的宗教——巫毒教，信奉這個宗教的主要地區包括海地和美國路易斯安娜州的新奧爾良。巫毒教的邪靈祭司會學習白魔法（善良的魔法）和黑魔法（邪惡的魔法），並擁有起死回生的力量。許多巫毒教徒都相信邪靈祭司能讓死者變成沒有記憶，又沒有意識的活屍回歸人世，成為他們的奴隸！

怪物秘典

喪屍最初的名稱是 zonbi，可能來自撒哈拉沙漠以南非洲地區的班圖語，意指「鬼魂」。

白喪屍

數百年間，活屍的傳說只在法國殖民地裏流傳。不過到了1929年，這些傳說開始散播至其他地區，是因為一個名叫威廉·西布魯克（William Seabrook）的美國人出版了一本遊記《魔法島嶼》。書中記錄了他在海地觀察到的習俗，例如巫毒教儀式，還有他稱為「喪屍」的怪物。

後來，西布魯克的著作成為了1932年一部大熱電影《白喪屍》的創作靈感。電影關於一個邪惡的種植場商人，愛上了一個年輕女子，於是請巫毒教祭司把女子變成喪屍，留在身邊。那個祭司還創造了不少喪屍，作為他的奴隸和護衛。全賴荷李活電影，讓喪屍沒有意識的這一概念傳遍世上每個角落。

活死人之夜

《白喪屍》裏的喪屍雖然詭異，但沒有傷害別人。不過在1968年，這些沒有意識的怪物突然變得危險起來。就是在那一年，電影製作人喬治·羅梅羅（George Romero）炮製了賣座電影《活死人之夜》。

《活死人之夜》上映前，所有關於喪屍的故事都只是用巫術把活人變成奴隸。不過這部電影中的喪屍卻不一樣，它們是不死的食屍鬼，以人類的肉和血為食物。它們並不是由巫毒教祭司或巫醫創造，而是受外太空輻射影響。羅梅羅的喪屍啟發自美國作家李察·麥森（Richard Matheson）的小說《我是傳奇》。這本書講述人們遭細菌感染，變成另一種怪物——吸血鬼！

《活死人之夜》起初並不是主流電影，最終卻在全球流行起來。沒多久，大量以這部電影作靈感的書籍、電影、漫畫和遊戲紛紛推出，把喪屍的熱潮推向高峯。喪屍原本的形象逐漸消失，一種全新的可怕喪屍從此誕生！

怪物秘典

1985年美國恐怖電影《嘩鬼翻生》上映後，喪屍才開始吃人類的腦部！

真實的喪屍！

在海地，那些巫毒教祭司創造喪屍的古老傳說仍然廣泛流傳。甚至傳出了喪屍在荒野流連，執行主人命令的傳聞。

1982年，加拿大人類學家韋德‧戴維斯（Wade Davis）前往海地，追查這些故事是否屬實。他在那裏遇上聲稱曾經變成喪屍的克萊維斯‧納西斯（Clairvius Narcisse），於是立即進行訪問。

納西斯在1962年死亡，並好好安葬。不過到了1981年，他的姐姐竟然在街上遇到活生生的納西斯！納西斯告訴姐姐，他一直受到一個巫毒教祭司控制。對方餵他吃了一種名叫喪屍青瓜的有毒植物，令他恍如身處夢中。祭司死後，納西斯才重獲自由。

戴維斯調查納西斯的故事後，發現了一種神秘的「喪屍粉末」，可以引發納西斯身上的徵狀。這種粉末含有有毒植物、雞泡魚和搗碎了的燒焦人骨。人們吃下去會引致麻痺，心跳停止，形同死亡。雖然仍然有意識，但會進入類似喪屍的狀態，無法與人溝通。

戴維斯把他的發現出版成書，不過有些科學家質疑「喪屍粉末」的成效。直至今天，戴維斯的發現仍有爭議。

怪物秘典

世界上有不少人認為動物的腦袋是美食，例如古巴人會把綿羊腦製成美味的餡餅！

致命的佳餚——雞泡魚

據說納西斯是吃了雞泡魚後，才變成喪屍。雞泡魚看起來雖然可愛，卻極度危險。牠體內含有劇毒，名為河豚毒素。當你吸入一定分量的河豚毒素，嘴唇和舌頭便開始麻痺，然後手臂和雙腿感到刺痛。你可能會覺得肚子不適，舉步維艱，但這還不算可怕。最後，你會陷入癱瘓，無法移動或說話，難以呼吸。如果毒素分量較高，你甚至會在20分鐘內死亡。這種邪惡的雞泡魚在日本是珍貴的菜餚，魚肉裏保留的毒素分量只足以令人嘴唇發麻，廚師必須領取執照才能烹調牠。不過仍有食客進食這道菜餚時，意外攝取過量毒素而死亡。

人類是食物？

對大部分人類來說，同類自相殘殺，甚或吃掉其他人類都是不能接受的。不過早在78萬年，已經出現了人食人這種情況。

- 在太平洋島國斐濟，戰士相信吃人肉能夠防止敵人的靈魂登上神靈國度，以免神靈協助敵方部落。
- 北美洲的原住民易洛魁人相信吃掉敵人的肉，便能夠獲得他們的力量。
- 在中美洲，阿茲特克人會吃掉作為祭品的人，取悅神明。
- 南美洲瓦里部落的人會吃掉逝世的親友來表示尊敬，還認為這比埋葬在冰冷黑暗的土地裏更為人道。
- 直至19世紀，歐洲人仍相信吃掉人體某些部分能夠治病。
- 在印尼的巴布亞省，有一些食人部落會進行吃人的祭典儀式。

不論是什麼原因，吃人都是百害而無一利。除了因為人類的身體含有太多脂肪，不適合作為日常飲食外，還有機會染上致命絕症——庫魯病。

糟糕的喪屍病

當你坐在巴士上，身旁有個小孩不斷咳嗽和打噴嚏。第二天，你喉嚨開始感到痕癢，似乎是患病的先兆。到了周末，你一家人都患上感冒卧病在牀。

自從傳染病出現，就一直困擾着人類。有的傳染病如感冒，只是有點討厭，並沒有太大威脅。不過，有的傳染病卻會危害生命。鼠疫（或稱黑死病）這種傳染病就曾肆虐中世紀，殺死超過1億人。在1918至1919年間爆發的西班牙流感，也導致5,000萬人死亡。當一種新的傳染病不斷傳播，令全球許多人染上惡疾，就稱為疫症。

要是有人感染到電影《活死人之夜》中的喪屍病毒，那世界有可能發生疫症嗎？你會不會有機會患上這種喪屍病？

鼠疫是如何傳播的呢？

英文單詞plague是所有傳染病的統稱，但把字母p改為大寫的Plague，則專指由鼠疫桿菌引致的傳染病。這種病菌主要寄生在齧齒類動物，如老鼠、松鼠，以及牠們身上的跳蚤。鼠疫就是經由這些跳蚤叮咬，把病菌傳播至人類。一旦受感染，患者的病情會迅速惡化。

鼠疫主要有三種類型：第一種是淋巴腺鼠疫，患者會出現發燒和類似傷風的症狀，還會引致頸部、腋下和腹股溝的淋巴腺腫脹。

另一種是敗血性鼠疫，因病菌進入血液引起。患者會出現嚴重腹痛，甚至休克。部分身體組織更會壞死變黑，那就是「黑死病」得名的原因。

第三種是肺炎性鼠疫，會感染肺部。這種鼠疫最罕見，卻是最危險的。如不立即使用抗生素治療，兩天內便會死亡。而且它的傳染性最高，可透過患者咳嗽或打噴嚏傳播疾病。

致命疾病

　　細菌、病毒和其他病原體（導致疾病的東西）在演化過程中，會不時出現突變，它們的宿主——即人類——也會突變。我們會適應它們，它們也會適應我們，大家便能愉快地共存。不過，有時病原體突變得太快，我們的免疫系統適應不了，無法抵抗這些新疾病，就會變得嚴重不適。結果是什麼？當然是爆發疫症！

　　以下病原體突變曾在過去引起疫症，當中有些疫症就在沒多久前出現！

- 結核病的歷史可追溯至古埃及時代，不同類型的結核病可影響不同器官。過去200年間，結核病曾導致10億人死亡。
- 流行性感冒在16世紀首次確診，其後幾乎每年都會爆發疫症。這種致命疾病不斷突變，醫生需要定時推出新的流感疫苗對抗病毒。
- 1976年首次發現伊波拉病毒，它的傳染性極高。患者會發燒和流血不止，其中百分之五十至九十的患者會死亡。
- 人類後天免疫力缺乏病毒或愛滋病病毒（簡稱HIV / AIDS）在1981年出現，至今已奪去3,900萬人的生命。這種疾病會破壞免疫系統，令系統無法對抗其他感染。
- 2003年，亞洲首次有人確診嚴重急性呼吸系統綜合症（簡稱SARS）。這種病毒很可能是來自蝙蝠，會導致類似肺炎的致命病徵。

　　醫學研究人員會根據不同的病徵，找出不斷出現的新疾病。然後研發疫苗和抗生素，保護人們免受感染，或避免患者出現更嚴重的症狀。

喪屍疫症

疫症的確曾經出現，也確實造成大規模感染或死亡。不過患上感冒與變成喪屍之間，仍然有很大分別。在現實世界中，會否有傳染病能令人表現得像喪屍，例如失去理智，或對別人的腦袋虎視眈眈？

不同種類的寄生蟲、病毒和朊毒體都能做到這些恐怖的把戲。它們會影響大腦的化學物質，令患者變得像怪物那般瘋狂。

這些製造「喪屍」的罪魁禍首會潛伏在你意想不到的地方，因此出門時，記得帶備充足的消毒洗手液啊！

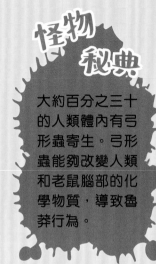
討厭的寄生蟲

寄生蟲是在其他物種（即宿主）身上或體內生活的生物。牠們會無聲無息地附在宿主身上，吸取養分。這些討厭的寄生蟲毫無貢獻，只會奪取營養，令宿主變得虛弱。長此以往，宿主可能會死亡。然後牠們便會收拾行裝，尋找新的家園。以下寄生蟲會強行控制宿主，令可憐的宿主出現喪屍般的行為。

偏側蛇蟲草菌會控制思想，迫使螞蟻從蟻穴爬出來，尋找合適的死亡地點。待螞蟻死後，頭部會長出菌柄，釋出種子似的孢子，感染下一個受害者。

大部分生物都不希望成為別人的晚餐，斜吻棘頭蟲卻相反！那是因為牠們入侵宿主體內的方式就是被吃掉。斜吻棘頭蟲特別喜歡控制鼠婦蟲的腦部，令鼠婦蟲爬到容易被雀鳥捕食的地方，以便進駐另一個牠們喜愛的宿主。

一般老鼠遇上貓，都會拼命逃走。不過一旦弓形蟲控制了老鼠的腦部，牠就會變得膽大妄為，主動去找貓！當那隻貓享用了老鼠大餐，自然也會受到弓形蟲感染。

邪惡的病毒

病毒是蛋白質外層包裹住微小的DNA片段，嚴格而言不算生物，因為它們不會自行生長、進食或繁殖。不過當病毒進入其他生物的細胞，一切就完全不同了！它們會控制宿主的細胞，令這些細胞變成邪惡的病毒工廠，複製出數以百萬計的病毒。它們在體內盡情破壞，誓要殺死宿主。有些病毒更會影響腦部，令宿主行動猶如喪屍，把病毒散播開去。

桿狀病毒會摧毀舞毒蛾的幼蟲。一旦受感染，舞毒蛾幼蟲便會爬上樹頂死亡，然後分解成液體。那些黏液會如雨般落下，感染其他舞毒蛾幼蟲。

感染狂犬病病毒的動物會流出像泡沫的口水，這些口水和牠們的血液都能傳播病毒。除非馬上注射疫苗，否則會出現混亂、焦慮、躁狂與暴力行為。數星期後，患者便會一命嗚呼。

可怕的朊毒體

蛋白質一般會摺疊成特定的形狀，朊毒體就是以不正常方式摺疊起來的蛋白質。它們會干擾腦部的功能，令腦部嚴重受損，無法運作。

醫學研究人員並不確定朊毒體形成的原因，部分人認為那是受病毒影響，其他人則認為基因才是元兇。不過，他們都同意朊毒體會令動物和人類出現喪屍似的症狀。

當一隻牛患上牛海綿狀腦病（俗稱瘋牛症），牠的腦部會出現海綿一般的孔洞。可憐的牛便會表現出經典的喪屍行為：暴力、失去方向感、步履不穩、不斷流口水、磨牙等。克雅二氏症是人類版本的瘋牛症，進食受污染的牛肉便可能染病，患病後會變得像病牛一般瘋瘋癲癲。

喪屍會發動襲擊嗎？

根據傳說記載，喪屍是死去的人從墳墓中再次醒過來，成為不死之身。它們究竟是怎樣實現復活的奇跡？

今時今日，世上仍然沒有任何方法令死者活過來，即使只是復活一天也做不到。生物一旦逝世，便會開始腐化。這個過程是意料之內又無可避免，而且按一定規律進行，唯一能阻止遺體腐化的方法就是冷藏。

即使喪屍真的死而復生，在地球上四處橫行，它們也會漸漸分解為一灘黏液。在溫帶氣候的環境，分解過程大約需時三個星期，熱帶氣候地區的時間就更短。如果喪屍最終會腐化成黏液，它們又如何發動襲擊，導致世界末日？

怪物秘典

研究人員深信，假如喪屍發動襲擊，人類將會在五至十天內徹底滅亡！

腐化的過程

屍體腐化有五個主要階段，整個過程都相當令人厭惡！

1. 自溶：
   人類剛剛死亡時，體內仍會產生消化酶，這些消化酶會把細胞消化掉。這時屍體的腹部和靜脈會變色，屍體開始發脹。真噁心！

2. 腐敗：
   細菌和真菌會分解屍體的蛋白質，發出難聞的氣味。發脹的屍身好像充了氣一樣，皮膚也會長出水疱。哎喲！

3. 衰變：
   屍體的蛋白質、碳水化合物和脂肪持續分解，屍體的組織逐漸軟化。器官和體腔開始破裂，腳甲和指甲也會脫落。嗚！

4. 成岩：
   所有剩餘組織都會死亡並變硬，屍體的面容已變得難以辨認，就像一塊牛肉乾。噁！

5. 白骨化：
   最後殘餘的柔軟組織腐化或變乾，直至骨骼清晰可見。哇！

我還未死！

一個冬天的早上，你步行上學去，你的好朋友迎面而來。她臉色蒼白，皮膚看來濕淋淋的，雙眼似乎失去焦點，走路時東歪西倒。她是不是變成了喪屍，特意來找你？

大概不是，反而有機會是她患上低溫症，或其他擁有類似喪屍症狀的疾病。世上還有一些情況會令人看似死亡，即使他們根本還未死！

其實人們進入假死狀態的情況遠遠多於預期，偶爾還會有活生生的人意外被埋葬。看看以下令人震驚的個案吧！

怪物秘典

美國前總統喬治·華盛頓（George Washington）實在太害怕被活埋在墳墓裏，因此吩咐僕人至少在他死後三天才可下葬。

恐懼纏繞！

俄羅斯沙皇尼古拉二世的內臣米歇爾伯爵（Michel de Karnice-Karnicki）出席友人女兒的葬禮時，棺木已經蓋上泥土，躺在裏面的女孩卻突然蘇醒！這個怪異的經歷令米歇爾伯爵深受困擾，為了確保同類情況不再發生，他在1897年發明了一款安全棺木。棺木裏設有通氣管，還有搖鈴和旗子，讓不幸活埋的人用來求救。

歌唱的牧師

施瓦茨牧師（Schwartz）熱愛音樂，這當然是一件好事。因為他在1798年去世後，來參加葬禮的人竟然聽到他唱歌——當時他正身處棺木之中！人們立即打開棺木，發現他在哼着愉快的曲調。歌曲完結，施瓦茨牧師的生命也到了盡頭。然後他再次躺下來，再也沒有醒過來了。

這些設有逃生出口的拱形墓穴約在1890年建造，如果有人把你活活埋葬，就可以轉動開關，打開蓋子逃出來！

失敗告終的盜竊案

在17世紀初，有盜墓賊潛入貴族女子馬喬里·埃爾芬斯通（Marjorie Elphinstone）的墳墓，打算盜取陪葬的珠寶。當盜墓賊挖出埃爾芬斯通時，這個穿金戴銀的女子竟然在地上痛苦呻吟，把這羣盜墓賊嚇個半死！待她清醒過來，便帶着珠寶精神奕奕地回家去。

冒牌喪屍

為什麼施瓦茨牧師和埃爾芬斯通會在未死之時形同死屍？現實世界中，有數種疾病可解釋以上個案，還有其他有如喪屍的症狀。

低溫症

好冷啊！低溫症就是身體變得太冷，無法正常運作。最初，你會發現自己難以移動，呼吸緩慢，整個人變得笨拙又混亂。接着，你的血管會收縮，令膚色變得像死人一般蒼白，嘴唇、耳朵、手指和腳趾變成藍色。而心跳率和血壓會變得很低，難以檢測。你也會出現說話困難、思想遲緩、失憶等症狀，走路時更會搖搖晃晃的。如果不儘快取暖，皮膚就會變藍和浮腫起來，甚至無法行走，陷入神智不清的狀態。

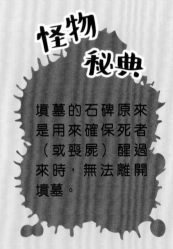

怪物秘典

墳墓的石碑原來是用來確保死者（或喪屍）醒過來時，無法離開墳墓。

霍亂

人們把霍亂稱為「藍色死神」，因為患者嚴重脫水，使皮膚變成藍藍灰灰的顏色。霍亂也會令患者神智不清，還附加一個喪屍特質——發出惡臭（不斷腹瀉嘛）。而且這種疾病容易傳染，可以致命。

休克

　　當身體血液流量不足，組織和器官無法得到充足氧氣和養分時，便會休克。這時可能會引起類似死亡的症狀：皮膚變得冰冷、濕潤，四肢出現斑點；呼吸微弱，心律不整或脈搏消失；體溫過低，面部浮腫等。

全身僵硬症

　　患上柏金遜症、腦癇症、精神病，或是停止服用某些藥物，均可能暫時引起全身僵硬症。症狀包括身體僵硬、四肢僵硬、無法控制肌肉，以及減低呼吸等人體自動功能。

腦部的威力

　　當大腦的自動功能出現問題，便會發生類似全身僵硬症的情況。你大概以為腦部主要是用來思考，但它其實是你的私人自動導航系統。

　　你有沒有留意到，自己不必動腦便懂得流汗降溫，不用提醒血液也會運行全身？那是因為這全是不隨意運動，由腦部自動控制。不過，你必須思考才能把兩個數字相加，或是決定上課時什麼時候要舉手。這些活動稱為隨意運動，需要腦力控制，不會自動發生。

　　腦部各部分會處理不同的活動：大腦控制所有隨意運動，小腦和腦幹會合作維持不隨意運動，例如保持平衡、維持呼吸與心跳率。如果一個人的大腦受損，但腦幹仍然運作，他就能夠在沒有意識下繼續呼吸和移動——就像喪屍一樣。

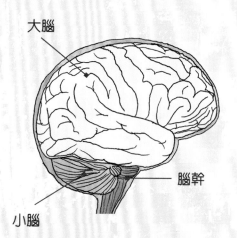

大腦

腦幹

小腦

末世求生

　　如今你已經是個喪屍專家，是時候測試自己是否擁有戰勝喪屍的能耐！請判斷以下句子是否正確，然後核對答案。答對了可得1分，算一算你的求生水平，看看你會在末世中生還，抑或變成喪屍的一分子！

① 《黑人法典》是一項要求所有人穿黑色衣服的法律。
② 喪屍起源於海地。
③ 巫毒教祭司利用鮮肉製成喪屍。
④ 對付喪屍的最佳武器是青蛙。
⑤ 《活死人之夜》是第一部描述喪屍吃人的電影。
⑥ 寄生蟲能令動物變得像喪屍一般。
⑦ 朊毒體是摺疊成紙鶴一般的蛋白質。
⑧ 某些疾病能令活人看來像死去一樣。

求生水平

0 至 2 分　行屍走肉——喪屍把你抓住，令你染上嚴重的喪屍病。別擔心，你會享受喪屍的生活。因為你不用再做功課，就算少了一顆眼球也不要緊呢。

3 至 6 分　生還者——恭喜你！你智勝喪屍，比它們活得更長久。不過世界上已經沒有任何食物，除非你願意吃喪屍，噁！

7 至 8 分　末世勝利者——你不僅在末世中存活下來，還單槍匹馬終結了這場災難。作為仁慈的領袖，你下的第一項命令就是埋葬那些臭氣熏天的喪屍殘骸。

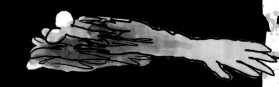

答案：正確 (2、5、6、8)；錯誤 (1、3、4、7)

狼人 werewolf

每當月圓之夜，狼人就由人類變成飢餓嗜血的巨狼。在人類形態下，狼人的外表和行徑與你我無異。不過變成狼後，卻會對美味的人類垂涎三尺！

牙齒鋒利
危險

眼睛發光

喜歡吃肉……
好吃！

沒有尾巴

爪子尖銳

後肢發達

- 對着月亮嚎叫
- 體形比一般的
  狼龐大

狼人傳說

　　月亮又圓又大，令你感到不適，躁動不安。你有點想去追趕汽車，還想大聲嚎叫：呀嗚嗚嗚！是不是吃了變壞的食物？還是你快要變成狼人？

　　也許你實際上是要變成「兔人」，狼人只是其中一種可能存在的「獸人」，即半人半獸的生物。

　　在世界各地的傳說與神話中，有着各種各樣的怪異獸人。例如印度會說虎人的故事，非洲人就談論土狼人，而南美洲也有美洲獅人和美洲豹人的傳說。不過，人們最津津樂道的還是狼人的故事。這些故事大多源自歐洲，就像海地的喪屍和巫毒教傳說一般，狼人傳說同樣始於宗教儀式。在史前時代，男孩需要撐過艱苦的成年禮，才能成為真正的戰士。有些儀式會要求男孩披上狼皮，讓狼兇猛的力量能傳送給這個年輕的戰士。

　　到了公元5世紀，基督教傳遍歐洲。這些儀式就被視為與魔鬼崇拜有關，遭到禁制。人們自然而然把狼與魔鬼聯繫起來，怪不得牠們會成為血腥故事的主角！

與月亮何干？

傳說中，狼人會在滿月下變身。這種說法屬實嗎？抑或只是其中一種月球賦予人類的神奇力量？

數千年來，人們一直認為滿月會影響人類的行為。「瘋子」的英文單詞lunatic源自拉丁語luna，意思正是「月亮」。據說滿月期間，發生意外和謀殺的機會會增加，人們較可能出現怪異行為，災難也更常見。

要是你仔細研究月球的科學，便會明白月球對地球有很大影響。滿月會令全球氣溫輕微上升，也令潮汐高低的水位更明顯。不過沒有證據顯示月球對人類的行為或性格造成影響，科學研究也證明謀殺率和意外率與滿月無關。

那麼狼人會向着滿月嚎叫嗎？不大可能。狼嚎叫主要是為了跟同伴溝通，這叫聲表示是時候要集合。牠們還會透過嚎叫，把身處的位置告知同伴。此外，牠們會嚎叫來警告外來的狼離開自己的領土。

狼是夜行動物，會在白天睡覺，到晚上才醒過來。不論是月圓或月缺，牠們都會在晚間活動。而且狼主要在黃昏和黎明時分捕捉獵物，因此這段時間最容易聽到狼嚎。

狼嚎叫時會抬起頭，望向遙遠的地方——正好是月亮的方向。不過那是因為這個動作能讓狼發出最響亮的叫聲，響徹四方。

宗教法庭

公元15至16世紀期間，整個歐洲大陸都充斥着迷信與猜疑，人們不再相信狼人是無害的生物。

1484年12月5日，當時的教宗依諾增爵八世（Pope Innocent VIII）裁定巫師是真實存在，還把他們視作異端──即教會的敵人。教宗下令神職人員斬草除根，令歐洲展開一段可怕的歷史，稱為「異端審判」。

人們相信巫師能夠變成其他生物，這時狼人正式登場：牠們是能夠變成狼的巫師！

沒有人知道異端審判期間處決了多少個「巫師」或「狼人」，但估計多達3.5至6萬人。後來，人們不再支持異端審判。英國也在1735年通過了《巫術法案》（Witchcraft Act），把指控他人為巫師列為非法行為。

到了19世紀，只剩下少數堅持古老迷信的人。對大部分人而言，狼人和巫師都變成娛樂大眾的流行文化。

貝德堡狼人

迄今最著名的狼人審判是在1589年，被告是來自德國貝德堡的彼得・施圖貝（Peter Stubbe）。拘捕施圖貝的人看到他站在受害人身上，從狼變回人形，可説是人贓並獲──狼贓並獲才對。

施圖貝被捕後遭受虐待，其後承認是狼人，又表示魔鬼給他一條狼皮製成的魔法腰帶，令他變成一頭貪得無厭、充滿慾望的狼。

施圖貝最終因16宗謀殺案罪成而被判處死刑。不過他真的是狼人嗎？大概沒有人能確定吧。

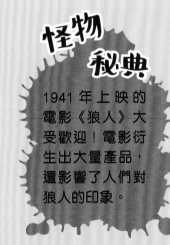

怪物秘典

1941年上映的電影《狼人》大受歡迎！電影衍生出大量產品，還影響了人們對狼人的印象。

如何制止狼人作惡？

在異端審判期間，處決了大量疑似狼人的犯人。相傳殺死狼人的最佳辦法，就是使用銀子彈。一般子彈可能也有效，這視乎你的槍法有多好。如果你射穿狼人的心臟、腦部或其他重要器官，一般子彈便綽綽有餘。不過大部分人的槍法沒那麼準繩，而且狼人的獸皮很厚，難以一擊即中。

在古代，人們認為銀具有神奇的淨化力量，可驅除邪惡，讓人遠離危險。古時的醫生常以「同類相治」的療法來治病：假如你深受頭痛之苦，他們便會用頭骨磨成的粉末給你治病。根據這種原則，由月亮引起的疾病——變成狼人——應用類似月亮的物質醫治。閃閃發亮的銀自古以來就與月亮互有關聯，當然成為治病的良方啦！

時至今日，銀仍然肩負着保護人們免受傷害的名聲。科學家發現它是一種強效的抗生素，能夠對付致病的細菌。把少量銀和普通的抗生素混合，殺菌效能可以提升1,000倍！在水中加入少量銀的話，可殺死許多浮游的病菌。不過高劑量的銀對人體有害，因此銀子彈也可能對狼人的心臟造成3倍傷害！

人能變身成狼人嗎？

傳說記載，人類可以透過數種方式變身成狼人：給狼人噬咬，遭到邪惡的詛咒，吃了混入人肉的狼肉，或是披上狼皮。

這些方式真的行得通嗎？勸你別信以為真，物種完全變成另一個物種的機會可謂微乎其微（詳見第36頁）。比較可能出現的情況是隨着年月過去，進化出同時具有狼與人類特徵的新動物。

毛茸茸的混種動物

如果你能夠創造一種超級寵物，不妨讓牠集合所有你喜歡的動物特徵，例如龜象。混種動物是由兩種不同但相似的物種，或是同一物種的不同品種交配誕生的後代，這些後代會同時擁有父母的特徵。

混種動物在動物界其實相當常見，例如騾這種動物是馬和驢交配誕下的。人們認為騾較為強壯和聰明，比馬或驢更容易與人合作。

不過兩種截然不同的物種難以繁殖出混種動物，因為牠們的遺傳結構差別太大。看來你得把龜象這個念頭無限期擱置了！

綿羊和山羊在遺傳學上非常接近，能夠繁殖出混種動物。圖中的「山綿羊」確實存在啊！

請給我一些豌豆！

歷來最著名的實驗主角正是混種——豌豆！這個實驗由奧地利神職人員格雷戈爾·孟德爾（Gregor Mendel）進行，他想知道植物是如何把不同的特徵遺傳下來。為了找出答案，孟德爾利用不同品種的豌豆進行雜交繁殖，並小心記錄這些豌豆的後代有何特徵。

在1856至1863年間，孟德爾大約種植了2.8萬棵豌豆！他發現在雜交豌豆後代中，某些特徵（如黃色的豌豆）較為常見，可能屬於顯性。而擁有其他特徵的豌豆（如綠色的豌豆）較罕有，或是屬於隱性。

孟德爾找到了遺傳的法則：以特定的規律把某些特徵一代傳一代。不過，孟德爾並不知道具體的遺傳方式。直至1900年，科學家發現了染色體，那就是細胞之間傳播和轉達信息的媒介。

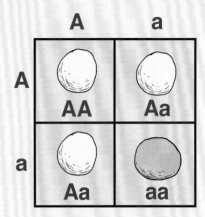

生物學家會利用「旁氏表」來推測混種動物後代的特徵。在以上例子中，兩棵進行雜交的豌豆都擁有顯性的黃色特徵（A）和隱性的綠色特徵（a）。它們的後代有四種可能性，但只要A存在，後代便會展示出那種特徵，呈現黃色。

染色體是怎樣運作？

染色體是細胞核內一組線狀的脫氧核糖核酸（DNA）。DNA鏈是由成千上萬的基因組成，這些基因會告訴細胞製造哪一種蛋白質，控制細胞每項運作！

染色體通常會與另一條相同的染色體雙雙出現，不同物種的染色體組合數量不一。人類有23對染色體，而狼有39對染色體。

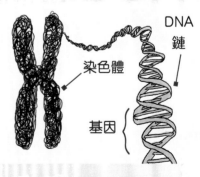

染色體組合的其中一半來自母親，另一半來自父親。然而，新的染色體組合跟父母任何一方都不相同。染色體內有哪些基因是隨機決定，唯一可以確定是新的基因組合絕對獨一無二！

狼與人類的混種動物存在嗎？

兩個物種的遺傳結構必須非常接近，才能成功創造出混種後代。例如靈長類動物跟我們的祖先尼安德塔人在遺傳學上相當近似，足以誕生混血動物（詳見第46頁）。不過，人類和黑猩猩——其中一種現存的人類近親——便不行了。雖然人類與黑猩猩的基因有98.8%相同，還擁有共同的祖先，但現在兩者的差異太大了，難以互相配種。

黑猩猩
98.8%

老鼠
88%

雞
65%

香蕉
50%

果蠅
47%

狼和人類就更加風馬牛不相及！人類和狼的共同祖先是超過7,000萬年前的生物，此後已經進化出許多不同之處，無法自然繁殖出下一代。嗯，前提是沒有基因工程啦！

你喜歡吃香蕉嗎？也許那是因為你的樣子長得跟黑猩猩差不多；也許那是因為你有一半基因與香蕉相同！來看看以上這些物種跟人類基因的相似程度吧。

基因工程

時代不斷變遷，相比起孟德爾那個時代，現在已證實染色體裏的DNA是遺傳物質。我們還懂得如何操控或改變細胞裏的DNA，這就是基因工程（詳見第20至21頁）。

科學家利用酶這種化學物質充當「剪刀」，把DNA內想要的基因切割出來，然後放進另一個細胞的細胞核裏。這個過程比混種繁殖方便得多，採用的細胞可以來自同一品種，也可以來自完全不同的生物。

透過基因工程，理論上我們可以把狼的基因放進人類細胞裏，讓這些人類帶有狼的特徵，並遺傳給後代。人類可視乎需要，選用狼不同特徵的基因，例如擁有濃密的毛皮、鋒利的犬齒，或是捕捉松鼠的慾望。

為了防止瘋狂科學家嘗試進行一些令人毛骨悚然的實驗（例如狼人實驗），以人類作為實驗對象設有對與錯的道德標準。因此，別期望狼人可以在短時間內面世啊！

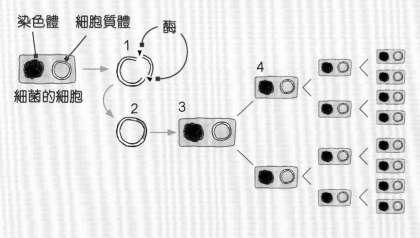

染色體　細胞質體　　酶

細菌的細胞

科學家利用基因工程改變DNA，這是用細菌作為例子：

1. 用酶作為剪刀，從細胞質體切割出DNA片段。
2. 把另一物種的基因放進細胞質體裏。
3. 把經過改造的細胞質體放進另一個細菌。
4. 當那個細菌繁殖時，經過改造的遺傳信息便會傳給後代。

犬人

等等！其實真正的狼人混種動物，早在我們身邊存活了數千年。牠潛伏在我們的家居與社區中，渴望吃掉鮮美多汁的肉排。牠會用爪子抓門，又會挖出埋在地下的骨頭，還會在沙發上蜷曲身體，舒舒服服地待在你身邊。那就是你的寵物——狗！

狗絕對是狼的後代，沒有和人類的基因混合起來。不過數千年來，牠們一直與人類一起生活，已經變得和狼非常不同。如今，狗和狼屬於兩個不同的物種。

最不可思議是狗擁有一些令人意外的特徵，而這些特徵正是人類獨有的！例如狗能夠解讀人類臉上表現的情緒。牠們通常會看人們的左臉，因為左臉流露出來的情緒會更明顯。看來狗比人類更擅長察看臉色的技術呢！

如果你曾經和狗玩拋接皮球，便知道狗會望向人類指着的地方。沒有其他動物做得到，狗已經進化至能夠理解人類的語言了。在狗學習與人類共處的同時，人類也在適應牠們。研究顯示有部分人能聽懂狗的語言，尤其是代表「哎呀」、「看看它」和「一起玩吧」的吠叫聲。原來人們和狗之間可以互相理解呢！

下次呼喚愛犬來吃晚餐時，必須小心地舔着嘴唇，轉身走向眼中的美食——你！

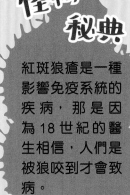

怪物秘典

紅斑狼瘡是一種影響免疫系統的疾病，那是因為 18 世紀的醫生相信，人們是被狼咬到才會致病。

狼一般的疾病

在漫長的歷史中，人類變得像狼一般的案例多不勝數。1970年代初，有人發現一個男人在墓地中睡覺，還向着月亮嚎叫，於是把他送到醫院去。醫生為那個男人進行腦部活組織檢查，發現他腦部組織退化，出現了核桃腦的症狀，導致痴呆和一些不尋常的行為。

此外，有其他疾病會令人們出現類似狼人的行為：

- 紫質症：由基因缺陷引起的疾病，會令患者對陽光敏感，皮膚變色，臉部的毛髮增加，牙齒和指甲旁的肌肉會變成紅棕色。患者更有可能出現輕微的分離轉換障礙，甚至精神錯亂。（詳見第33頁）

- 多毛症：又稱為狼人症，是一種遺傳疾病，會令患者全身長出大量毛髮，特別是引人注目的臉部。

- 狂犬病：這種傳染病透過受感染的動物噬咬來傳播，傳播者包括狗和狼。狂犬病會令患者做出躁狂與暴力行為，還會不停地流口水。（詳見第33及65頁）

許多疾病都會引起與狼人特徵相似的症狀，不過會不會令人變成真正的狼人？幸好暫時並沒有這種疾病！

狼人詞語對對碰

你「狼吞虎嚥」了大量科學知識，對狼人已經有充分的了解吧？請把左右兩邊相關的詞語配對起來，然後核對答案。答對了可得 1 分，算一算你的血統評級，看看你到底有多像狼！

左	右
❶ 騾	a. 子彈
❷ 銀	b. 潮汐
❸ 月亮	c. 混種動物
❹ 巫師	d. 豌豆實驗
❺ 孟德爾	e. 異端審判
❻ 北方真獸	f. 哺乳類動物

血統評級

0 至 2 分 25% 狼人——你有點毛茸茸，還有一些體臭，不過這只是少部分狼人的特徵。幸好你的毛髮不算太多，不用每 10 鐘便到洗手間去整理儀容。

3 至 4 分 50% 狼人——你時常想放聲嚎叫，又喜歡留長長的指甲，卻希望成為一個素食者。不錯，馴服你野性的一面能防止你變成狼。

5 至 6 分 100% 純種狼人——你把睡房塗上黑色油漆，還貼上許多星星貼紙，還裝飾着一個發亮的月亮。下次滿月時會發生什麼事？只要你保持清醒，等待着變身成狼，就可以知道會有什麼趣事。但這有何壞處？你會覺得很孤單……因為你會忍不住吃掉所有朋友！

海怪 Sea Monster

喜歡潛伏在湖泊、河流或海洋水深之處的巨型生物。牠們最愛以輪船、船員和毫無防備的泳客為大餐，還喜歡與攝影師玩捉迷藏。

極難捕捉！

大海的傳說

當你在湖中練習游泳時，突然有東西擦過你的屁股。那是友善的小魚給你輕輕一吻，還是……其他東西？

你絕對不是唯一一個，會在漆黑的水底世界裏感到緊張不安。自人類第一次乘船出海冒險以來，就一直害怕海洋，背後當然有非常合理的原因：海洋既危險，又難以預測。船員每次出海航行，都要離家數個月，甚至數年。在無線電和電話出現前，他們沒有任何方法聯繫家鄉的親友。船隻可能會失火，遇上海盜搶劫，或是在風暴中遇難，令船員永遠無法回家。

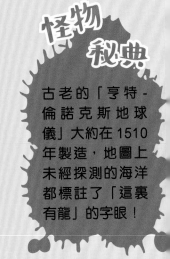

怪物秘典

古老的「亨特-倫諾克斯地球儀」大約在 1510 年製造，地圖上未經探測的海洋都標註了「這裏有龍」的字眼！

那些在家鄉的親友會講述一些戲劇性的故事，來描述失蹤船員的遭遇。在航行中倖存的船員也會説故事，談及他們如何與巨大的海洋生物搏鬥。那些故事中的生物各有不同形態，而且是在不同地方出現，但全都擁有一項共同的特徵——愛吃人肉！

傳奇海洋生物

海怪的傳說並非純屬捏造，漁民見過許多在波濤中棲息的奇怪生物。有時會在捕魚時把這些生物撈起來，有時這些生物會擱淺，沖到岸邊傳出惡臭。難怪駭人的海怪故事在全球各地都傳得那麼熱烈！

瓜魯帕利克來自美洲原住民因紐特人的神話，是一種貌似人類的海怪，長有綠色皮膚，頭髮又長又亂，還有巫婆似的尖指甲。牠會哼着陰沉的曲調，把獨自玩耍的小孩擄走。

塞爾基源於蘇格蘭、愛爾蘭和冰島的民間傳說。牠以海豹的形態在大海裏生活，也能蛻皮變成人形在陸上居住。相傳只要偷走塞爾基的皮，便能把牠困在陸地。

耶夢加得又稱彌得加特巨蛇，是北歐神話中的怪物。牠的身軀龐大得可以圍着地球繞一圈，再咬住自己的尾巴。相傳牠鬆開了尾巴，地球就會滅亡。

塞王出自希臘神話，牠的歌聲甜美，令人無法抗拒。牠會唱歌來誘惑輪船靠近，令輪船撞上滿是岩礁的海岸，化成碎片。

戾龍是聖經記載的海怪，牠的身體長達480公里，雙眼發光，還會發出令人難以忍受的強烈臭氣。牠的角上寫着「我是海洋中最殘酷無情的生物」。

美人魚最初出現在亞述人的傳說中，但現在已成為世上家喻戶曉的怪物。牠上半身是人類女性，下半身是一條魚尾。牠會帶來自然災害，但有時也會愛上人類，並樂意協助他們。

龍神是日本神話中的龍，能夠操控潮汐。牠住在一座用紅色和白色珊瑚建成的海底宮殿裏，有海龜、魚和水母作僕人。

龍王共有四位，在中國神話中是海洋的統治者。每位龍王都有五隻粗硬的腳，末端有五根鋒利的爪。牠們身上有閃閃發亮的黃色鱗片，還會噴出火焰般的氣息，足以把魚燒熟。

舉世聞名的海怪

你以為只有荷李活電影明星，才會受到狗仔隊困擾嗎？錯了！每當有人報稱看到難得一見的海怪，好奇的民眾便會成羣結隊出動（還會在船上裝設揚聲器，極度擾民！），期望拍下海怪的照片。海怪即使變得脾氣暴躁也不奇怪，也許牠們只是想要片刻安寧。

以下鼎鼎有名的海怪明星即將走過荷里活的紅地氈，不過那是用粉絲索取簽名時「絞盡腦汁」的血染成紅色的！

怪物秘典

尼斯湖水怪的英文名稱是 Loch Ness Monster，Loch 這個單詞是蘇格蘭蓋爾語，意思是「湖泊」。

尼斯湖水怪

出沒地點： 蘇格蘭尼斯湖
首次目擊時間： 公元6世紀

人們目擊尼斯湖水怪的次數，比起其他所有海怪都要多。愛爾蘭教士聖高隆龐（Saint Columba）據稱是第一個看見尼斯湖水怪的人，當時牠正在襲擊一個男人。聖高隆龐下令水怪立即住手，最奇怪是牠真的乖乖聽話。

1933年，專門捕捉大型獵物的獵人馬默杜克·韋瑟雷爾（Marmaduke Wetherell）發現了一些腳印，他深信那是屬於尼斯湖水怪的。科學家仔細檢查那個腳印的石膏模型，斷定那是假冒的。

尼斯湖水怪終於在1934年登上大明星的舞台！當時倫敦一個醫生公開了一張舉世聞名的水怪照片，但他臨終前承認那只是惡作劇。

1972年，一羣動物學家在尼斯湖中打撈出一具神秘的動物屍體。牠重1.5公噸，長4.9至5.5米，那是真正的尼斯湖水怪嗎？不是！原來其中一個動物學家把一頭死去的象海豹丟進湖中，沒想到他的同伴誤會了！

克拉肯

出沒地點：冰島、格陵蘭和挪威附近的海岸

首次目擊時間：公元12至13世紀

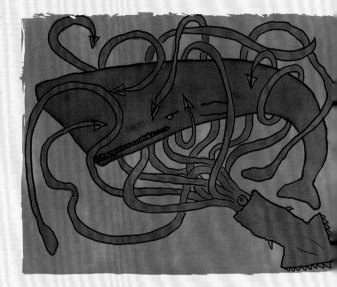

　　克拉肯的故事可追溯至古冰島的傳說，相傳這種貌似魷魚的可怕怪物會用觸手環繞輪船，「啪」的一聲弄斷。然後張開血盆大口，一口吞下損毀的輪船（當然還有在船上慘叫的船員）。

　　1874年，一隻巨大的魷魚擊沉了「珍珠號」帆船，只有四個船員和船長生還。翌年再有人目睹克拉肯，這次牠和一條抹香鯨在打架。據稱克拉肯在1930年時，曾三度襲擊一艘挪威海軍軍艦「布倫瑞克號」。船員說牠猛力撞向軍艦，還用觸手纏繞艦身。不過牠抓不住滑溜溜的鋼鐵，掉落在螺旋槳上。

尚普蘭湖怪

出沒地點：跨越美國紐約、佛蒙特和加拿大魁北克交界的尚普蘭湖

首次目擊時間：1609年

　　法國探險家山姆·德·尚普蘭（Samuel de Champlain）是首批看到尚普蘭湖怪出沒的人。明確一點說，他看到的是一條外形像梭子魚，卻像怪物般巨大的魚。不過遠在尚普蘭目擊湖怪前，當地原住民已有關於湖怪的傳說，各個原住民部族也為牠起了不同的名字。後來，人們更把湖怪形容為一條長有馬頭的海蛇。

　　到了19世紀末，尚普蘭湖變成大受歡迎的旅遊景點。馬戲團創辦人兼演員費尼爾司·泰勒·巴納姆（P. T. Barnum）懸紅5萬美元，徵求證明尚普蘭湖怪真實存在的證據。原來巴納姆想把湖怪遺骸放在他的世界博覽會中展出，作為招牌展品。博覽會最終在湖怪缺席下舉行，而牠仍然是尚普蘭湖中最神秘的居民。

未知水域

要是你曾經沿着海邊拾荒尋寶，便會發現有許多古怪又迷人的東西被沖上沙灘。你不禁猜想這些神秘的紀念品來自何方，沙粒下還埋藏着什麼寶藏（或生物）。

數千年來，人們一直探索海洋，了解大海中的生物。直到科學家在1917年發明了聲納前，根本沒有人知道海洋最深處到底有多深。時至今日，海洋生物學家和海洋學家會利用精巧的工具，例如聲納和小型潛艇探索深海。即使他們已經得到大量資料，但仍有許多地方有待發掘。超過百分之九十五的海洋尚未有人踏足，誰都不知道那遼闊的未知水域中有什麼生物！

如果海怪確實存在，牠們很可能生活在海洋最深沉黑暗的一角——海溝，估計那裏有許多未知的生物存在。

120萬個已確認物種

750萬個未確認物種

地球上估計有870萬個物種，當中已確認的只有120萬個，餘下多達750萬個有待發現的物種，而牠們大部分都活在海洋裏！

聲納是怎樣運作的？

聲納是一種聲音導航與測距的技術，透過向物體發出聲波，然後聽取回音，找出物體的形狀和與它相距多遠。

船上的聲納發射裝置會產生聲脈波：它可以是單一固定的頻率，或是不斷變化的頻率，稱為變頻脈波。這些聲波會在水中傳播，當撞上某個物體，便會反射向聲納接收器。聲波在水中傳送的速度受幾個因素影響，包括鹽度、水深和水溫。根據聲波反射回來的時間，再結合這些因素的數據，就能準確計算出物體的距離。

如果向同一物體發出多個聲脈波，然後檢視反射聲波的角度變化，還能推算出這個物體的大小和形狀呢。

海溝

當科學家開始利用聲納,為海牀製作地圖時,得到的資料令他們非常震驚。原來有海底山脈圍繞着整個地球!中洋脊系統是地球上最長的山脈,全長約6萬公里,相等於圍繞地球1.5次。

科學家想知道山脈為什麼在海洋中出現,於是進一步探索和驗證,終於了解到地球的地殼由數個板塊組成。這些板塊位於一層融化的岩石上,稱為岩漿。岩漿會不斷移動,把板塊推向不同方向。有時板塊會互相碰撞,形成巨大的山脈;有時板塊會壓住另一板塊,形成稱為海溝的深坑。

海溝可以很深,或許深得令你難以想像!馬里亞納海溝約深11.27公里,其深度比全球最高的珠穆朗瑪峯還要多近2.5公里!

這些海底峽谷漆黑一片,卻可找到不少怪異的生物,包括巨型的管蠕蟲、沒有眼睛的蝦、龐大的蚌和外殼堅硬的蟹。這些動物在海洋深處組成完整的食物鏈,自給自足。雖然你沒有親眼看過,但牠們絕對是真實存在的……詭異生物!

問:海怪最愛吃什麼?

答:炸魚「船」條。

不少詭異生物以海底深處的海溝為家。

海怪真的存在嗎？

大部分人都害怕未知的東西，而且沒有任何東西比潛行深海的神秘怪物更難捉摸。難怪多個世紀以來，海怪一直在人們的噩夢裏纏繞不散。不過，真的有海怪在水裏暢泳嗎？如果是真的，牠們到底是什麼？專門搜尋新物種的神秘生物學家費煞思量，提出了一些可能是海怪的可疑生物名單。

海怪疑犯1：（本應）絕種的生物

很久以前，一些與尼斯湖水怪或尚普蘭湖怪類似的生物在海洋中生活。如今，牠們大部分已經絕種了……或許只是人類以為牠們絕種了。

蛇頸龍是一種巨型的冷血爬蟲類動物，生活在6,500萬至2.15億年前。牠們的身軀又大又圓，長有腳蹼、長長的脖子和細小的頭部。暫時知道體形最大的蛇頸龍是薄板龍，牠的體形比一輛校巴還要大。

龍王鯨是最常見的古代鯨魚，生活在3,500萬至4,000萬年前。牠們擁有楔形的頭部和流線型的狹長身軀，跟海蛇很相似。這些（本應）絕種的海洋生物會不會成功逃過人類的眼睛，偷偷潛進深海裏生活？

龍王鯨可以生長至23米長，比保齡球場的球道還要長！

腔棘魚是一種醜陋的深海魚，許多人相信牠們已經絕種了。不過1938年在南非的海岸，有人活捉了一條腔棘魚。在2010年，有兩具鏟齒中喙鯨的遺體沖上了新西蘭一個海灘。鏟齒中喙鯨號稱「世上最罕有的鯨魚」，從沒有人見過牠們活生生的模樣！

假如蛇頸龍在不為人知的情況下存活下來，那又會怎樣？這種古代海洋生物會不會就是尼斯湖水怪？看來有必要做更深入的比較，來幫助我們分辨事實與傳說。

科學家在1952年找到第二個腔棘魚樣本。

蛇頸龍能否活在尼斯湖？

事實	驗證
	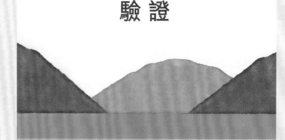
蛇頸龍是冷血爬蟲類動物，在溫帶或熱帶的水域生活。	尼斯湖湖水的平均溫度只有攝氏5.5度，對爬蟲類動物來說太冷了。
蛇頸龍體形龐大，需要進食大量食物。	尼斯湖太細小，無法為這些巨獸提供足夠食物。
蛇頸龍生活在數百萬年前。	尼斯湖是在最近一次冰河時期，即約1萬年前形成。那裏從前是一片乾燥的陸地，無法困住古代海洋生物。
蛇頸龍需要呼吸空氣，每天都會浮上水面數次來呼吸。	尼斯湖是個相當細小的湖，人們理應有機會目睹蛇頸龍浮上來呼吸……但至今沒有人見過牠。

大對決：溫血動物與冷血動物

　　不論是在炎炎夏日中打壘球，還是從白雪皚皚的山坡上滑下來，你體內的溫度大致都會保持在攝氏37度，不會改變。這是因為人類跟其他哺乳類動物和鳥類一樣，都是溫血動物（或內溫動物）。我們會利用吃下的食物產生能量，維持穩定的體溫。

　　另一方面，爬蟲類動物則是冷血動物（或外溫動物）。牠們無法自行產生體熱，必須依靠外界的溫度來保暖。如果氣溫太低（大約低於攝氏10度），牠們便難以維持身體運作！那就是為什麼水棲的爬蟲類動物大多生長在水溫和氣溫常年和暖的熱帶地區，例如海龜、鱷魚、水蛇，還有曾幾何時存在過的蛇頸龍。

海怪疑犯2：錯認的動物

　　如果你有一份研究蛇頸龍的功課，你第一站也許是圖書館，或是在網絡搜尋關於蛇頸龍的驚人資料。不過在公元6世紀時並沒有互聯網，目擊者聖高隆龐只能用手上的資料來調查那隻露出湖面的怪物究竟是什麼。那個時代除了較難取得資訊外，人們對水中生物的認識也比現在少得多。

　　自那以後，人們發現、描述及確認數以千計的動物。閱讀以下駭人的海洋怪客檔案，看看誰最有機會奪得海怪的頭銜吧！

皺鰓鯊

　　皺鰓鯊的外觀怪異，足以嚇怕任何一個飽經海洋歷練的船員！這種鯊魚針狀的牙齒和向外伸出的顎骨，令牠看來像個可怕的捕獵者。

象鮫

　　如果象鮫長長的遺體沖到岸上，牠的鰓部便會迅速腐化，令餘下的殘骸擁有不尋常的「長頸」，看起來跟海蛇非常相似！

皇帶魚

　　這種罕見的皇帶魚貌似鰻魚，身體長而多骨，一般在深海裏生活。牠有一列帶有約400條尖刺的背鰭，會像牙齒一樣掀起波浪，頭上那片魚鰭的刺比背鰭更長。

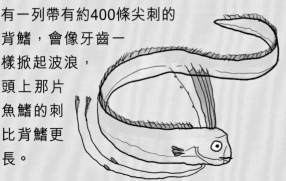

藍鯨

　　藍鯨這種巨無霸是世界上最巨大的生物，能成長至27米長。牠的重量大約等於35隻大象的體重，叫聲比太空穿梭機發射時的噴射聲還要響亮！

超級巨烏賊

現實世界中，最佳候選海怪非巨烏賊莫屬！雖然早在古希臘時已有人目擊巨烏賊，但2004年才第一次發現這種巨大無比的生物在原生棲息地生活。到2006年，人們把首個仍然存活的巨烏賊樣本帶到水面。牠身長7.3米，還可成長至13米長，那就比一幢四層樓的大廈更高呢！

巨烏賊擁有八根厚實的觸手，每根觸手都布滿強力又帶有尖齒的吸盤。每個吸盤的直徑約5厘米，比乒乓球大一點，共有數百個。另有兩根觸手特別長，用來攝食。長觸手可以呼嘯而出，抓住遠在10米外的獵物，然後拖進嘴巴裏。牠的嘴巴有鋒利的喙，可以把獵物咬成碎塊。

由於體形太過龐大，所以成年巨烏賊要面對的捕獵者不多。不過世上最少有一種動物能夠吃掉牠，那就是抹香鯨。科學家曾在抹香鯨的胃部發現部分巨烏賊殘骸，而抹香鯨的身體不時有烏賊吸盤留下的痕跡——那很可能是一場至死方休的苦戰呢！也許克拉肯襲擊輪船的故事，其實是巨烏賊把船錯認成鯨魚。

有科學家認為巨烏賊有多達八個不同的亞種，這就解釋了為何在歷史上，人們對海怪克拉肯有眾多不同的描述。克拉肯和巨烏賊的共通點是貪得無厭的胃口！而巨烏賊屬於頭足類動物家族，這個家族的成員壽命較短，大概只能存活5年或更少。在如此短暫的時間內長得那麼巨型，牠們必須吃大量食物，輪船和船員看來的確像美味的小食呢！

怪物秘典

克拉肯的英文名稱 Kraken 源自挪威語，意思是「畸形」或「扭曲」。

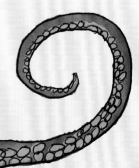

怪物秘典

巨烏賊的大眼睛在動物王國可算數一數二，一顆眼睛的直徑可達 28 厘米，跟你的頭部差不多大啊！

海怪疑犯3：駭人的現象

你看見了嗎？那裏有些東西在移動……就在水裏！

先別急着下結論，請你再仔細想一想。水以可疑的方式移動，並不代表有東西在水裏蠢蠢欲動。以下還有幾個自然現象可以說明這些奇怪的漣漪，是如何啟發人類幻想出海怪故事。

海嘯

還記得那條身體可以環繞地球的巨蛇耶夢加得嗎？還有那隻身長480公里的海怪戾龍呢？這些龐然巨物暢泳時產生的水花，隨時形成怪獸級的巨浪！

怪獸級的巨浪（海嘯）確實偶爾會在海裏形成，然後逐漸變大，大得足以吞噬整個海岸。也許戾龍的傳說跟海嘯有關，不過我們還可以用科學去解釋這些滔天巨浪出現的原因。

海洋深處發生地震或其他事情，都可以引起海嘯。海底地震可以直接升起海牀，產生波浪。這些波浪一直前進，當接近岸邊時，高度會變得非常驚人！如果這陣波浪湧向陸地，將會具有毀滅的力量，把沿途阻擋去路的東西拋起或壓碎，造成像2004和2011年海嘯侵襲亞洲地區時的慘況。

海嘯威力驚人，所以人們發明了先進的海嘯預警系統。透過測量海底地震的強度和公海的海浪高度變化，科學家便能預測什麼時候會有海嘯侵襲，及時提醒沿岸人們撤離避難。

漩渦

漩渦是以圓形路徑旋轉的水流，會吸走沿途所有東西。浴缸排水時，你大概也看見過漩渦。這個漩渦當然沒什麼好怕，不過要逃出海上的漩渦卻非常困難。那是因為你需要同時對抗旋轉水流的力量，還有地心吸力的拉扯。

潮汐或海水撞擊海岸時產生的水流，也有機會引起漩渦，而在水較淺又狹窄的海峽中形成的漩渦威力最強大。例如挪威的薩爾特流速度可達每小時37公里，加拿大紐賓士域海岸的老母豬漩渦則以每小時27.6公里的速度旋轉。

雖然這些漩渦的吸力不大可能吞沒整艘輪船，但它仍像許多海怪傳說的情節一樣，足以令小船翻沉。

盪漾波

水裏有某些東西泛起一個又一個漣漪！你眨眨眼睛，又揉揉眼睛，當你想再次看清，漣漪還在那裏！那不是尼斯湖水怪，還會是什麼呢？

那可能是另一種怪物波浪，稱為盪漾波。它是一種駐波，因為它可以停留在同一地方數小時，甚至數天！

盪漾波可在內陸的大型水域形成，例如湖泊、水庫等，由風暴中出現的氣壓變化和強風引起。單一的巨大盪漾波或是一連串盪漾波會像水中的小山丘一樣，有時看來可能跟尼斯湖水怪或尚普蘭湖怪非常相似。

怪物秘典

希臘神話中，卡律布狄斯（Charybdis）是一頭會吞吐海水的怪物。人們相信位於意大利南部墨西拿海峽中一個漩渦，就是這個傳說的創作靈感。

海怪浮沉錄

你已經打開藏在深海的秘密，與駭人的海怪面對面接觸。勇敢的船員，準備好測試一下你的海洋知識嗎？請判斷以下句子是否正確，然後核對答案。答對了可得 1 分，算一算你駕馭大海之力，看看你會稱霸海洋還是沉沒在洶湧波濤之中。

① 尼斯湖水怪很可能是龍王鯨。
② 巨烏賊擁有全世界最巨大的眼球。
③ 聖高隆龐在公元 6 世紀阻止尼斯湖水怪殺人。
④ 盪漾波是一種駐波。
⑤ 聲納可用來偵測海底的物體。
⑥ 爬蟲類動物的身體無法自行產生熱力。
⑦ 全球超過百分之九十五的海洋尚未有人類探索。
⑧ 沒有生物能在漆黑一片的海溝中生存。

駕馭大海之力

0 至 2 分　　船員的惡靈戴維・瓊斯——水是你的宿敵，天生不適合航海。如果巨烏賊有嘴唇的話，牠們一看見你就禁不住舔嘴唇了。請避開所有水源，即使是雨後的水窪也要小心提防，以免意外溺斃。

3 至 6 分　　探險家山姆・德・尚普蘭——你是出色的船員和探險家，對海怪毫不畏懼，但也會害怕被活生生地吃掉啊！為了你的安全着想，還是留在淺水的地方吧。

7 至 8 分　　海怪戾龍——你是最厲害的海怪，厲害得可以在陸地上生活。難怪尼斯湖或尚普蘭湖中都找不到你的身影，因為你忙着弄沉浴缸中的玩具小船呢！哈哈哈！

96

答案：正確 (2、3、4、5、6、7)；錯誤 (1、8)